DIANQI

高职高专电气系列规划教材

电力生产概论

（第三版）

Dianli Shengchan Gailun

主编 丁力

重庆大学出版社

内 容 简 介

本书根据当前电力生产的主要形式,对电力生产过程进行了介绍。主要内容包括火力发电、水力发电、核能发电、地热发电、太阳能发电、风能发电和电力网。本书文字通俗易懂,配有大量的实例、图表、图片和数据。

本书可作为电力类高职高专院校的参考教材,也可作为电力系统非本专业人员的培训教材。

图书在版编目(CIP)数据

电力生产概论/丁力主编.—2 版.—重庆:重庆大学出版社,2012.8(2018.1 重印)

高职高专电气系列教材

ISBN 978-7-5624-3267-8

Ⅰ.①电… Ⅱ.①丁… Ⅲ.①电力工业—高等职业教育—教材 Ⅳ.①TM

中国版本图书馆 CIP 数据核字(2012)第 174150 号

电力生产概论

(第三版)

主 编 丁 力

责任编辑:曾显跃 版式设计:曾显跃

责任校对:何建云 责任印制:赵 晟

*

重庆大学出版社出版发行

出版人:易树平

社址:重庆市沙坪坝区大学城西路 21 号

邮编:401331

电话:(023) 88617190 88617185(中小学)

传真:(023) 88617186 88617166

网址:http://www.cqup.com.cn

邮箱:fxk@ cqup.com.cn(营销中心)

全国新华书店经销

重庆市国丰印务有限责任公司印刷

*

开本:787mm×1092mm 1/16 印张:10.25 字数:256 千

2015 年 6 月第 3 版 2018 年 1 月第 11 次印刷

印数:26 501—29 500

ISBN 978-7-5624-3267-8 定价:28.00 元

前　言

目前,我国电力行业进入新一轮电力建设高峰期,为了适应电力类高职高专院校相关专业课程教学的需要,帮助电力系统非本专业人员全面了解电力生产过程,结合当前电力行业的发展状况编写本书。

本书按电力生产过程编写,即从发电、变电、送电、配电至用户的全过程。本书的特点是文字通俗易懂,教材内容力求反映电力技术的最新发展,采用丰富的实例、图表、图片和数据进行介绍,主要章节均提供有复习思考题。

本书按当前电力生产的主要类型分为火电篇、水电篇、综合篇和电网篇,综合篇包括了核能发电、地热发电、太阳能发电和风能发电。

本书由丁力主编,绪论及第 1、7、8、11、12 章由丁力编写,第 2、5、6 章由陈曲进编写,第 3、9、10 章由吕红樱编写,第 4、13、14、15 章由李霜编写,第 16、17 章由赵利民编写。全书由丁力统稿,黄益华主审。

本书可作为电力类高职高专院校的参考教材,也可作为电力系统非本专业人员的培训教材。

编　者
2015 年 3 月

目录

绪 论

（1）电力生产过程

电力生产过程实质上是电能的生产、分配和销售过程。电力生产的主要特点是生产、流通和消费同时进行，并由此决定了电力生产过程是一个不可分割的有机整体。它可以概括为电能的生产（发电）、电能的传输（送电）、电压的变换（变电）、电能的分配（配电）和电能的销售（营业）五个环节，构成了完整的电力生产过程。

将自然能转变为电能的过程称为发电，一般在发电厂进行。自然能称为一次能源，主要来自太阳、地球和地球与其他天体的相互作用。电能是经过人们加工而取得的二次能源。现代世界各国主要用于发电的一次能源有：石油、煤炭、天然气，水力及原子能等。应用这些能源发电的电厂分别称为热力发电厂、水力发电厂及核电厂。此外，还有太阳能发电厂、风力发电厂、潮汐发电厂、地热发电厂、磁流体发电厂等。

电力传输过程

将发电厂发出的电能送到各用电负荷中心的线路称为输电线路，将负荷中心的电能送到用户的线路称配电线路。为了节约燃料的运输费用，减轻对负荷中心的环境污染，现在许多国

1

家将大型火电厂建设在煤炭、石油等能源的产地;水电厂又需要建设在江河水流落差较大的河段;而用电负荷中心一般集中在大中城市、工业中心及交通枢纽等地。因此,发电厂和用电负荷中心之间往往相距几十、几百甚至数千公里,这就需要用电力线路作为输送电能的通道。

电能在输送和分配的过程中,电流在导线中流过会产生电压降落和功率损耗。减小电压降落,可以提高电能质量;减少功率损耗,可以提高设备的利用率和供电的经济性。在线路输送功率不变的情况下,提高电压才能做到上述各点。因此,随着电力工业的发展,世界各国都在不断提高输电线路的电压,大力发展超高压远距离输电,将电能用很高的电压通过输电线路送到负荷中心的变电站(所)之后,经过降压和控制,并用配电线路送电给用户。现阶段我国输电线路电压为 500 kV、220 kV、110 kV 等几个等级,配电线路电压主要为 35 kV、10 kV 及 0.4 kV 等。

电压的升高或降低是通过变压器完成的。安装变压器及其测量、保护与控制设备的地方称为变电所,用于升高电压的称升压变电所,用于降低电压的称降压变电所。

使用电能的单位称用户。用户的类型很多,主要分为工业用电、农业用电与生活用电等。工业用电集中,用电量大,设备利用率高,对供电可靠性要求高;农业用电分散,用电量小,平时对供电可靠性要求较低;生活用电面广,形式多样,随着生产的发展和生活水平的提高,用电量越来越大,对供电可靠性的要求也越来越高。

从发电厂产出电能,经过变电、输电、配电,最后销售给用户使用,这就是电力生产的全过程。

电能的主要特点是:

①电能便于集中、传输和分配,便于转换成光能、热能、机械能等,由于便于使用,因此被称为"方便的能源"。

②电能代替其他能源可以提高效率。例如,用电动机代替柴油机,可节能 50% 左右;用电气机车代替蒸汽机车,效率可提高 20% 左右。因此,电能被称为"节约的能源"。

③电能在使用时没有污染,有利于改善劳动条件。因此,电能被称为"无污染的能源"。

由于电能的上述优点,使其使用范围不断扩大。目前电能已渗透到国民经济的各部门各领域。电能作为优质的二次能源已经成为工农业生产的主要动力,表明了电力工业是国民经济发展中最重要的能源产业,确定了它在国民经济发展中举足轻重的地位。

(2)电力生产特点

电力生产是建立在现代科学技术基础上的高度集中的社会化大生产。电力工业由于其行业特点,具有与其他产业不同的基本特征。

①电能是一种无形的,不能储存的特殊商品。电能的生产、流通和消费是同时进行、同时完成的。如果没有电能的销售环节,发电厂就无须也无法生产出电能,此时发电机在原动机的带动下只能产生端电压,而不能生产电能。

②电能的生产、传输、分配和使用必须严格保持平衡。这不仅指数量上的平衡,而且还含有确定的时间概念,即在某一确定的时间里,生产和消费的电能必须保持平衡。这一特征要求电力企业充分利用各种经济手段(如实行峰谷分时电价等)和技术手段(应用各种电力负荷监控装置)来实现计划用电。

③电力生产是通过一系列极为复杂的生产环节来进行的,这些生产环节构成一个整体——电力系统。在一个电力系统内,无论有多少个发电厂、变电所,无论有多少用户,无论其

隶属关系如何,电力生产都必须接受电力系统的统一调度;实行统一的质量标准(频率、电压和供电可靠性)。电能产品必须统一管理,由电网统一分配和销售。这种统一调度、统一管理、统一指挥的特征是电力工业最基本的特征。

电力调度中心

(3)电力工业发展简史

1831年,法拉第发现了电磁感应原理,奠定了发电机的理论基础,促进了各项电力技术的发明。

1866年,维·西门子发明了励磁机。

1875年,世界上第一台火力发电机组是建于巴黎北火车站的直流发电机,用于照明供电。

1879年,爱迪生发明了电灯。

1881年,卢西恩·高拉法和约翰·吉布斯取得"供电交流系统"专利。

1882年,爱迪生建成世界上第一座比较正规的发电厂,装有6台直流发电机,共900马力(1马力=0.735 kW),通过110 V电缆供电,最大送电距离为1.6 km,供6 200盏白炽灯照明用,完成了电力工业技术体系的雏形。

1886年,美国发明家建成了第一个单向交流送电系统。1888年又成功地制造了交流感应式电动机。

1891年,在德国劳芬电厂安装了世界上第一台三相交流发电机,建成了第一条三相交流送电线路。

电力工业的发展改变了人们的生活和生产面貌,促进了经济的高速发展。电力的广泛应用,电力需求量的增大促进了电力工业和电力技术进一步向高电压、大机组、大电网方面迅速发展。

1960年,美国制成了500 MW汽轮发电机,1973年美国将原BBC公司制造的1 300 MW双轴汽轮发电机投入运行。

1980年,前苏联将1 200 MW单轴汽轮发电机在科斯特罗姆火电厂投入运行。20世纪90

年代,俄罗斯建成了世界上最大的火力发电厂——苏尔古特第二发电厂,6 台机组总容量为 4 800 MW。

在高压输电方面,1954 年瑞典建成了第一条 380 kV 交流输电线路。1964 年在美国建成了第一条 500 kV 交流输电线路。1965 年前苏联建成了 500 kV 直流输电线路。1989 年前苏联建成了一条世界上最高电压为 1 150 kV、长为 1 900 km 的交流输电线路。

随着电子技术、电子计算机技术和自动化技术的迅速发展,以高参数、高电压、高度自动化、大机组、大电网为特点的现代化电力工业在不同的国家已经形成或正在形成。

(4)我国电力工业发展概况

1)发展简介

我国电力的使用开始于 1879 年,外商在上海安装了 1 台 10 马力的发电机。从 1882 年上海创建第一个 12 kW 发电厂起,至 1949 年的 67 年中,全国装机总容量仅有 1 850 MW,年发电量只有 43 亿 kW 时,分别名列为世界 25 位和 21 位。中华人民共和国成立后,特别是近十几年来,我国电力工业发展步伐加快,从"六五"开始,通过引进消化吸收,在较短的时间内完成了 300 MW、600 MW 机组的国产化工作,顺利实现了火电机组的大型化,并有所创新。目前正在开展 600 MW 超临界机组的国产化研制。

1987—1995 年,我国发电装机容量和发电量先后超过法国、英国、加拿大、德国、俄罗斯和日本,跃居世界第二位。

截止到 2003 年底,我国电站装机总容量为 3.845 亿 kW,仅次于美国的 8.5 亿 kW,占全世界装机总容量的 1/8,其中常规水电装机容量近 8 000 万 kW,居世界第一位。年发电量为 19 107亿 kW·h,年全国火电平均利用小时数为 5 760 h,超过了 1994 年的 5 574 h,达到历史最高水平。2004 年 5 月,我国发电装机容量又达到 4.06 亿 kW。

近几年我国电源建设规模

年 份	1998	1999	2000	2001	2002	2003	2004	2005
开工容量/万 kW	1 021	600	600	2 140	2 350	3 111	4 000	7 000

2002 年有关部门对 72 个电厂的 195 台机组(其我国产 30 万 kW 128 台、进口 30 万 kW 46 台、60 万 kW 21 台)进行了评比,全国火电大机组的可靠性、经济性和可调性有了突飞猛进的提高,燃煤机组等效可用系数从 1980 年的 71% 提高到现在的 91.09%,提高了 20.09 个百分点;供电煤耗率从 387g/kW·h 降至 340g/kW·h,下降了 47g/kW·h。这些指标接近、甚至超过国外同类机组的水平。

在输电方面,1972 年我国建成第一条 330 kV 超高压输电线路;1981 年建成第一条 500 kV 超高压输电线路;1990 年第一条 500 kV 直流输电线路投入运行。近年来,电网得到了迅速的发展,电网规模不断扩大,技术装备水平不断提高。国家在电网领域加大了投资力度,电网的可靠性、灵活性和经济性得到了显著的提高。除去我国台湾和港澳等地区,目前我国已经形成华北、东北、华东、华中、西北、川渝和南方互联等 7 个跨省区电网以及 5 个独立的省级电网。除西北电网外,其他跨省电网和山东电网均已建成 500 kV 主网架。华东电网装机容量已超过 5 000 万 kW。

这一切都表明我国的电力工业在大型电站设备制造、建设安装及调试运行能力已上了一个新台阶。并且已经从大机组、大电厂、大电网、超高压、自动化发展时期开始逐步进入跨大区联网和推进全国联网的新阶段。

2003 年是我国电力发展史上不同寻常的一年。2003 年初,国务院调整了"十五"电力发展规划,计划后三年每年新开工电源建设项目不少于 2 500 万 kW,力争 3 000 万 kW。2003 年批准新开工发电项目 3 111 万 kW,开工 330 kV 及以上输变电工程 7 679 km,变电容量为 3 675 万 kV·A。2003 年底发电项目在建规模超过 1.3 亿 kW,均创我国电力建设史上的最高记录,新一轮电力建设的大幕从此拉开,电力工业建设、运行和管理取得了辉煌成绩,开工、投产规模和发、用电量大幅度提高,达到历史从未有过的新的高点;电力技术水平、结构调整取得明显进展,整个电力工业为我国经济和社会的全面发展提供了有力的保障。

火电厂集控室

2)发展规划

我国电力工业仍具有很大的发展潜力和空间。美国的人均装机为 2.88 kW,发达国家平均为 1.8 kW,世界平均为 0.55 kW,2001 年我国为 0.265 kW。因此,我国目前电力供需总体上的平衡是一种低层次上的、脆弱的平衡。今后 20 年我国国民经济仍将保持高速增长的态势,电力工业的发展必须与国民经济相协调。据测算,到 2020 年我国装机容量达到 9 亿 kW 才能满足。

根据全国电力发展"十一·五"规划及中长期规划,2005 年发电装机达到 4.8 亿 kW 左右,考虑关停退役 1 800 万 kW 和投产部分符合产业政策的中小机组。2010 年发电装机达到 6.5 亿 kW 左右,其中水电为 1.58 亿 kW,占 24%;330 kV 及以上输电线路安排投产 42 221 km,安排投产变电容量为 1.96 亿 kV·A。

在中长期规划方面,2011—2020 年均净增装机容量为 3 000 万 kW,到 2020 年发电装机容量达到 9.5 亿 kW 左右,其中水电 2.3 亿 kW、煤电 6.05 亿 kW、核电 3 600 万 kW,气电 6 000 万 kW,新能源发电 2 000 万 kW。

3）我国电力之最

①火力发电厂

福建漳州后石电厂一期工程6座总装机容量为360万kW的发电机组,是我国目前投产容量最大的火力发电厂。

国内投入运行的单机容量最大的机组为900 MW超临界燃煤发电机组,安装在上海外高桥电厂。

代表当今我国先进技术水平的首台最大容量为60万kW超临界示范机组锅炉,已研制成功并交付华能沁北电厂。这台60万kW超临界示范机组是我国确定的全国重点电力建设项目,代表着我国大型发电设备的发展方向。

最大容量的循环流化床锅炉为东方锅炉生产的300 MW机组循环流化床锅炉,同时,也是世界最大容量的循环流化床锅炉。

②水力发电站

已投产最大的水力发电站是四川的二滩电站,电站总容量为3 300 MW。正在建设中的三峡水电站,总容量为18 200 MW（26×700 MW）。

三峡电站卫星图片

③核电站

最大的核电站是浙江的秦山发电厂,电厂总容量为3 200 MW。投运的最大核电机组为900 MW,安装在广东大亚湾核电站。

秦山发电厂在我国核电发展史上为我国自主设计、自主建造、自主管理、自主运营的第一座大型商用核电站,首次按照国际上先进的核电站建造标准,不经原型阶段,自行设计、建造、调试和运行,并获得一次成功,属国内首创,国外罕见。根据世界能源组织最新公布的核电站单位功率造价,秦山二期是世界上建成和在建核电站中最低的之一。

（5）我国电力工业发展方针

20世纪50年代,我国电力工业的产业政策和发展方针是"水火并举";20世纪80年代改为"大力发展水电,积极发展火电,适当发展核电";20世纪90年代改为"大力发展水电,坚持优化火电结构,适当发展核电,因地制宜发展新能源发电,同步发展电网,促进全国联网"。"十五"期间调整为"重点发展电网,积极发展水电,优化发展火电,适当发展核电,因地制宜发展新能源发电;开发与节约并重,高度重视环保,提高能源利用效率"。

当前我国电力工业的发展方针是:开发与节约并重,大力开发水电,继续发展火电,适当发展核电,积极发展新能源发电,同步发展电网,促进全国联网。

1)开发与节约并重

为了实现全面建设小康社会的目标,今后20年我国国民经济仍将保持高速增长的态势,电力工业的发展必须与国民经济相协调。在"2003我国电力论坛"上,有关官员和专家预计,为达到上述目标,今后至2020年,我国年均新增装机容量将超过3000万kW,投资1200亿元。如果单纯依靠火电增容,届时每年可能需要18亿t煤炭,在煤炭供应和环保方面都难以承受。

尽管全国万元GDP单位能耗由1980年的7.98 t标煤下降为2002年的2.63 t标煤,单位产值能耗仍为世界平均水平的2倍多,比美国、欧盟、日本、印度分别高2.5倍、4.9倍、8.7倍和43%;目前,我国能源利用效率为33%,比发达国家低10个百分点;能源利用效率与国外的差距表明,我国节能潜力巨大。

2)大力开发水电

水电发展要积极推进流域梯级综合开发,提高水电开发率,形成几大水电基地。因地制宜分散开发小型水电站,优先安排调节性能好,水能指标优越的大中型水电站和流域综合开发项目。按照西部大开发的战略部署,抓紧西北地区黄河上游公伯峡、拉西瓦的水电开发,西南的金沙江、大渡河、红水河、澜沧江、乌江上的龙滩、小湾、景洪、洪家渡、三板溪等水电站的建设,以及东部电网调峰用抽水蓄能电站的建设。

3)继续发展火电

发展大容量、高效率、调峰性能好的燃煤火电机组,积极开发60万kW和100万kW级的超临界、超超临界机组,积极开发60万kW及以上容量、节水型空冷机组,燃烧无烟煤的大型锅炉机组。鼓励开发洁净煤发电技术,重点研究开发推广适合国情的沸腾炉和循环流化床(CFBC)、增压循环流化床(PFBC)及煤气化发电技术(IGCC)。大力发展大容量燃气、蒸汽联合循环机组。优化发展煤电主要是优化结构,节约资源,重视环保,节约用水,提高技术水平和经济性。大网覆盖范围内,新建燃煤机组的单机容量一般要在60万kW及以上,调峰能力均要达到50%以上。积极开发大型煤电基地,建设坑口大机组并初步形成规模。"十一·五"期间,坑口电站比例达到47%。经济发达但能源缺乏的东部地区以及中部一些地区重点建设负荷中心电厂和路口、港口电厂。

4)适当发展核电

核电发展要以我为主,引进技术,合作制造,降低造价,提高竞争力。核电发展要立足于既经济又安全,在发电成本上要具有竞争力。在掌握现有第二代压水堆技术的基础上,升级掌握国际第三代核电技术,同时跟踪开发国际第四代核电技术。要解决好核电安全、核资源储备和核废料后处理等。在设备制造方面,与制造部门合作,以我为主,中外合作,采用先进技术,统一核电发展技术路线,统一核电堆型,全面掌握百万千瓦级压水堆核电站工程设计和设备制造技术。在"十一·五"期间核电设备制造实现本土化。

5）积极发展新能源发电

可再生能源是指除煤炭、石油等一次能源之外的能源,如风能、太阳能、水电、海洋能、地热能、生物能等在自然界可以重复、循环利用的自然资源。我国可再生能源资源非常丰富,发展其产业潜力巨大。其中,我国幅员辽阔,海岸线长,风能资源非常丰富,同时,太阳能资源也十分丰富,开发利用太阳能资源的条件很好。此外,我国生物能资源也很多,每年有 6 亿 t 秸秆,一半以上可以作为能源使用,我国还有大量的甘蔗渣、咖啡渣等重要的生物能资源。可再生能源因其清洁无污染,取之不尽、用之不竭的特点在世界上越来越受到重视。开发和利用可再生能源是我国实现可持续发展的必由之路。目前,我国的能源消费总量居世界第二位,占世界能源消费量的近 10%。在我国的能源消费中,煤炭占 90% 以上,可再生能源的比例很小。

因此,要大力提高太阳能、风能、地热能、海洋能发电的比重,大力促进电源结构的优化,应争取清洁能源发电的比重到 2010 年达到一半,2020 年达到一半以上。美国的洁净煤技术发电比重目前已达到 91%,而我国仅有 5%,这是一个巨大的差距。目前重点在积极推动风力发电的发展,已有装机 26.7 万 kW,到 2005 年,风电的装机规模要达到 100 万 kW。

6）同步发展电网,促进全国联网

我国资源分布不平衡。东部地区经济发展快,一次能源缺乏,西部地区资源丰富;南方多水电,而北方多火电。因此,必须加快跨区、跨省电网建设,形成全国联合电网。2005 年前后,将以三峡工程为核心,以华中电网为依托,向东西南北四个方向辐射,建设东西南北四个方向的联网和输电线路,同时不断扩大北中南三个主要西电东送通道规模。届时,除新疆、西藏、海南、台湾外,全国互联电网格局基本形成。届时,全国西电东送的送电规模约为 2 500 万 kW;2010 年增加到 5 500 万 kW;2020 年再增加到 1 亿 kW 以上。到 2010 年,全国将形成结构合理、层次分明、各区域电网联系较为紧密的互联电网。2010 年以后,在金沙江、雅砻江、大渡河、澜沧江以及黄河上游水电、"三西"煤电基地电力外送的基础上,全国电网将形成以三峡电力系统为核心,以坚强的区域电网网架和跨大区输电网架为基础、区域电网间联系紧密的全国互联电网。

（6）国外电力工业发展动态

近年来,由于世界上新技术的应用,对环境越来越重视,正在重新塑造电力工业,使电力工业在可持续发展的能源工业中发挥更加重要的作用。归纳世界电力工业发展趋势有以下几点:

1）电力工业的市场化体制改革

在 20 世纪 80 年代末至 90 年代初,由美国和英国发动的电力工业市场化体制改革,即所谓自由化、民营化、放松管制、打破垄断、引入竞争机制。

2）更加广泛地使用电力

世界上至少今后 20～30 年还将主要靠化石燃料提供能源,但化石燃料利用会造成环境污染,排出 CO_2 等温室气体,为了解决这个矛盾,要求更加广泛的使用电力。我国早在 1985 年提出能源工业的发展要以电力为中心;1995 年又提出能源建设要以电力为中心,这个方针与世界潮流是一致的。

发达国家几乎把污染最严重的煤炭的全部或大部分用于发电;电力还有改善地区环境的作用,在能源利用密度大的大中城市,如果用电力来替代化石燃料的应用,可以直接解决空气污染、水污染及其他污染问题。电力的广泛应用是解决大中城市污染问题的最好办法。

3）转向燃气蒸汽联合循环发电

电力工业初期依靠水电和凝汽式火力发电站,工业发达国家水能资源大部分开发后,电力发电技术在狭窄的领域里进行,即不断提高汽轮发电机的温度、压力,由低温低压、中温中压、高温高压向亚临界、超临界的方向发展,采用更大型的发电机、汽轮机和锅炉。但是20世纪60年代以后,凝汽式发电机技术几乎没有多大进展,电站的平均效率稳定在35%左右,而且新电站比老电站造价要高得多。到了20世纪60年代,工业发达国家把电力工业推向核电,核电有了发展,但是,1979年的三哩岛事故和后来的切尔诺贝利事故,对核电站的安全提出了更高的要求,核电造价急剧上升,带动了核电电价上升。这时燃气蒸汽联合循环电站的造价降低到燃煤凝汽式电站的一半左右,效率提高到55%～60%,建设工期降到几个月。

用天然气作燃料发电,氮氧化物可削减90%,二氧化硫可减少为0;由于天然气供应充足,价格下跌,且燃料来源广泛,于是成为世界各国步入21世纪可持续发展的桥梁。

4）大力发展洁净煤技术

在化石能源中,煤炭的储量最为丰富,在可预见的将来,世界还不可能减少煤炭的消费量,为了解决煤炭利用对生态环境的不利影响,惟一可行的选择是发展洁净煤技术。所以,洁净煤技术是世界能源技术的重要组成部分。

洁净煤技术包括选煤、型煤、水煤浆、循环流化床、增压循环流化床、煤气化联合循环发电、煤炭气化、煤炭液化和烟气脱流等。

5）大力发展可再生能源发电

为了减少二氧化硫的排放量,工业发达国家都十分重视可再生能源的发电利用。可再生能源包括水能、太阳能、风能、地热能、海洋能、生物质能。目前工业发达国家由于水能资源已经基本开发完毕,近来在开发可再生能源发电方面重点放在开发太阳能、风能、地热能和生物质能发电方面。但由于可再生能源发电大都具有投资大、成本高、发电不连续的问题,因此,在2020年以前,在能源和发电量中所占比重不会很大。

6）提倡分散的电力工业

最近在布鲁塞尔成立的国际热电联产(ICA)国际电力组织声称:其宗旨是推动世界范围的清洁、高效、分散的电力生产,并预言这是电力工业的发展方向。美国有名的安德逊咨询公司1998年的研究报告指出:电力工业在2015年前将发生根本的变化,大型和远离负荷中心的电厂将越来越多地被靠近负荷中心的小型和清洁的发电方式所代替。这些负荷中心将减少对昂贵的远距离输电线路的需求,可以极大地改善效率和减轻当今电力系统对环境形成的负担。

大型凝汽式发电站加上远距离输电及当地的配电工程,每千瓦的投资可能达到1万元以上,再考虑厂用电和输配电损失可能达到1.2万～1.3万元;如果在当地修建燃气蒸汽联合循环电站,可能用不了一半的投资,发电效率高,发电成本和污染物的排放量将会大大减少。

7）积极推广电力需求侧管理

传统的电力工业只进行电力供应侧管理,是做电力供应侧规划,把电力需求侧看做是固定不变的,完全依赖电力供应侧去满足需求侧的需要。但是,20世纪70年代两次石油危机之后,一些能源分析专家得出结论:电力需求受价格的影响,价格越高,用电量越少;相反降低电价就可以增加用电量。因此,电力需求并不是固定不变的,合理的电价结构可以改变电力负荷曲线的形状。如果电力公司和电力用户都进行投资,提高用电效率,改变用电方式,可以在不影响用户舒适度的条件下,减少电力消费,抑平负荷曲线,提高负荷率,这样电力公司和电力用户的经济情况都可以获得改善。许多研究表明,改善用电效率、抑平负荷,比兴建和运行新电站及新的输配电工程花费少。

　　需求侧管理中有一种蓄冰空调技术,在深夜用电低谷时用电将水制成冰,在白天用电高峰时将冷气送出,达到为电网移峰填谷的目的。如果有 100 家 3 万 m^2 的建筑,都采用蓄冰空调,相当于少建设一座 30 万 kW 的电厂,而成本要比电厂建设成本少一半以上,可以节省投资 10 亿元人民币。

火电篇

第1章
概 述

1.1 火力发电厂的分类

热力发电厂按能源利用等不同情况可分为不同的类型。火力发电厂是利用煤、石油和天然气等作为燃料,在锅炉内燃烧,产生具有较高压力和温度的蒸汽,再由蒸汽冲动汽轮机,最后由汽轮机带动发电机发电。

热力发电厂的主要类型如表1.1所示。

表 1.1　热力发电厂的主要类型

分类方法	发 电 厂 类 型			
使用能源	火力发电厂	原子能发电厂	地热发电厂	太阳能发电厂
能量供应	凝汽式发电厂	供热式发电厂		
原动机	汽轮机发电厂	燃气轮机发电厂	内燃机发电厂	
电厂容量	小容量发电厂	中容量发电厂	大容量发电厂	
服务规模	区域性发电厂	自备发电厂	孤立发电厂	移动式发电厂
电厂位置	坑口发电厂	负荷中心发电厂	中心间发电厂	
承担负荷	带基本负荷	带中间负荷	调峰	

　　现代汽轮机不仅单机容量大、热效率高,而且运行稳定、工作可靠。所以,大型热力发电厂都是汽轮机发电厂。本书所提及的"热力发电厂"或"火力发电厂"一概是指汽轮机发电厂。

　　我国电站设备产品系列如表 1.2 所示。

表 1.2　我国电站设备产品系列

机组容量 /MW	配套锅炉			配套汽轮机		首台投运时间
	蒸发量 /(t·h⁻¹)	汽温/℃	汽压/MPa	汽温/℃	汽压/MPa	
6	35	450	3.82	435	3.43	1955
12	75	450	3.82	435	3.43	1956
25	130	450	3.82	435	3.43	1957
50	220	540	9.8	535	8.83	1958
100	410	540	9.8	535	8.83	1968
125	420	540	13.7	535/535	13.2	1969
200	670	540/540	13.7	535/535	12.7	1971
300	1025	540/540	18.2	537/537	16.7	1990,引进生产型
600	2008	540/540	18.2	538/538	16.7	1989,引进生产型

1.2　火力发电厂的燃料

　　锅炉的燃料主要是煤,其次是重油和天然气。

　　煤的成分有碳、灰分、水分和挥发分。在煤的各种成分中,碳是主要可燃元素;灰分是煤燃烧后形成灰渣的来源,造成炉膛结渣、受热面积灰和磨损;挥发分即煤在加热时逸出的可燃气体,是煤中的可燃成分。挥发分越多,煤越容易着火;水是煤中不利成分。

煤的发热量是指每公斤燃料完全燃烧后所放出的热量,单位是 kJ/kg。煤的发热量越高,燃烧时放热越多,锅炉耗煤量越小,输煤和制煤粉的费用越低。

各种煤的发热量差别很大,为了便于比较煤耗量和锅炉的经济性,规定以发热量为 29 270 kJ/kg(7 000 大卡/公斤)的煤作为标准煤,发电厂的煤耗量应折算为标准煤耗量来比较。

根据我国的能源政策,发电厂应以燃煤为主,尽量燃用劣质煤。

各种燃料的特点及发热量大致如表 1.3 所示。

表 1.3　各种燃料的特点及发热量

燃料类别		燃料特点	发热量/(kJ·kg^{-1})
煤	无烟煤	含碳量多,挥发物少,不易着火	大于 21 000
	烟煤	含碳量少,挥发物多,容易着火	大于 15 500
	褐煤	挥发物多,水分多	大于 11 500
	贫煤	挥发物少,灰分多	大于 18 500
重油		石油炼制后的残油,比重较大,优质燃料	37 680 ~ 41 870
天然气		天然煤气、高炉煤气、炼焦煤气,优质燃料	37 680 ~ 54 430

1.3　火力发电厂的基本生产过程

1.3.1　水蒸气性质

水加热到一定温度就要沸腾,水沸腾时的温度称为水的饱和温度。水的饱和温度不是固定不变的,而是随着水面上气压的增大而升高。如水在一个大气压下饱和温度接近 100 ℃,但在高压锅里,水面上蒸汽的压力大于大气压力,水的沸腾温度也就高于 100 ℃了。压力升高到 1 MPa,饱和温度升高到 180 ℃。压力升高到 10 MPa,饱和温度升高到 311 ℃。

蒸汽可分为饱和蒸汽和过热蒸汽。如果蒸汽的温度正好等于它的压力下的饱和温度,这样的蒸汽就称为饱和蒸汽。蒸汽的温度高于它的压力下的饱和温度,就称为过热蒸汽。过热蒸汽压力和温度越高,吸收的热量越多,蒸汽的做功能力越强。

当在 22.129 MPa 的压力下加热水时,其对应的饱和温度为 374.15 ℃,此时,饱和水和饱和蒸汽的重度及其他参数完全相同,该点称为临界点,其对应的参数称为临界参数。

由于水容易获得,价格便宜,火力发电厂均采用水作为工作介质。

1.3.2　基本生产过程

火力发电厂简称火电厂,是利用煤、石油、天然气等燃料的化学能产生出电能的工厂。按其功用可分为两类:即凝汽式电厂和热电厂。前者仅向用户供应电能,而热电厂除供给用户电能外,还向热用户供应蒸汽和热水,即所谓的"热电联合生产"。

火电厂的容量大小各异,具体形式也不尽相同,但就其生产过程来说却是相似的。图 1.1

是凝汽式燃煤电厂的生产过程示意图。

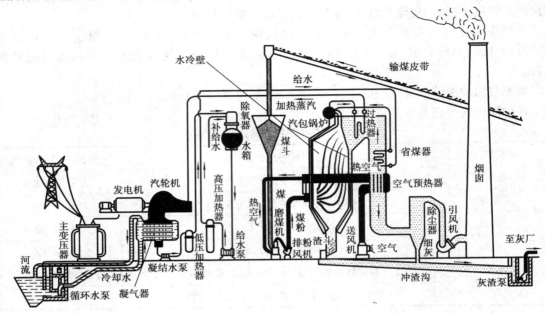

图 1.1　火电厂的生产过程

　　燃煤用输煤皮带从煤场运至煤斗中。大型火电厂为提高燃煤效率都是燃烧煤粉。因此，煤斗中的原煤要先送至磨煤机内磨成煤粉。磨碎的煤粉由热空气携带经排粉风机送入锅炉的炉膛内燃烧。煤粉燃烧后形成的热烟气沿锅炉的水平烟道和尾部烟道流动,放出热量,最后进入除尘器,将燃烧后的煤灰分离出来。洁净的烟气在引风机的作用下通过烟囱排入大气。助燃用的空气由送风机送入装设在尾部烟道上的空气预热器内,利用热烟气加热空气。这样,一方面除使进入锅炉的空气温度提高,易于煤粉的着火和燃烧外;另一方面也可以降低排烟温度,提高热能的利用率。从空气预热器排出的热空气分为两股:一股去磨煤机干燥和输送煤粉,另一股直接送入炉膛助燃。燃煤燃尽的灰渣落入炉膛下面的渣斗内,与从除尘器分离出的细灰一起用水冲至灰浆泵房内,再由灰浆泵送至灰场。

　　在除氧器水箱内的水经过给水泵升压后,通过高压加热器送入省煤器。在省煤器内,水受到热烟气的加热,然后进入锅炉顶部的汽包内。在锅炉炉膛四周密布着水管,称为水冷壁。水冷壁水管的上下两端均通过联箱与汽包连通,汽包内的水经由水冷壁不断循环,吸收着煤粉燃烧过程中放出的热量。部分水在冷壁中被加热沸腾后汽化成水蒸气,这些饱和蒸汽由汽包上部流出进入过热器中。饱和蒸汽在过热器中继续吸热,成为过热蒸汽。过热蒸汽有很高的压力和温度,因此有很大的热势能。具有热势能的过热蒸汽经管道引入汽轮机后,便将热势能转变成动能。高速流动的蒸汽推动汽轮机转子转动,形成机械能。

　　汽轮机的转子与发电机的转子通过联轴器连在一起。当汽轮机转子转动时便带动发电机转子转动。在发电机转子的另一端带着一台小直流发电机,称为励磁机。励磁机发出的直流电送至发电机的转子线圈中,使转子成为电磁铁,周围产生磁场。当发电机转子旋转时,磁场也是旋转的,发电机定子内的导线就会切割磁力线感应产生电流。这样,发电机便把汽轮机的机械能转变为电能。电能经变压器将电压升压后,由输电线路送至用电户。

　　释放出热势能的蒸汽从汽轮机下部的排汽口排出,称为乏汽。乏汽在凝汽器内被循环水泵送入凝汽器的冷却水冷却,重新凝结成水,此水称为凝结水。凝结水由凝结水泵送入低压加热器并最终回到除氧器内,完成一个循环。在循环过程中难免有汽水的泄漏,即汽水损失。因此,要适量地向循环系统内补给一些水,以保证循环的正常进行。高、底压加热器是为提高循环的热效率所采用的装置,除氧器是为了除去水含的氧气,以减少对设备及管道的腐蚀。

　　以上分析虽然较为繁杂,但从能量转换的角度看却很简单,即燃料的化学能→蒸汽的热势能→机械能→电能。在锅炉中,燃料的化学能转变为蒸汽的热能;在汽轮机中,蒸汽的热能转变为转子旋转的机械能;在发电机中,机械能转变为电能。炉、机、电是火电厂中的主要设备,亦称三大主机。与三大主机相辅工作的设备成为辅助设备或称辅机。主机与辅机及其相连的管道、线路等称为系统。

1.3.3　主要系统组成

热力发电厂主要由热力系统和电气系统二大部分组成。

(1)发电厂热力系统

发电厂热力系统如图1.2所示。

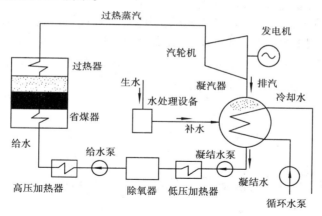

图1.2　发电厂热力系统

　　由于给水泵的压力大大高于凝结水泵的压力,因而给水泵以前的加热器称为低压加热器,给水泵以后的加热器称为高压加热器。加热器和除氧器的加热蒸汽来自汽轮机中抽出的蒸汽,蒸汽在加热器中加热后凝结成水,称为疏水。加热器的疏水分别引入除氧器和凝汽器中进行回收。

　　由于发电厂在生产过程中有少量的汽、水损失,必须不断向系统补充经过化学处理的补充水。大容量机组的补充水通常补入凝汽器中。

(2)发电厂电气系统

发电厂电气系统如图1.3所示。

　　发电机由汽轮机直接拖动,所发出的交流电一小部分由厂用配电设备予以分配,作为厂用照明和各种厂用设备的厂用电源,其余大部分电能均经主变压器升高电压后送入电网。

　　厂用电系统包括厂用变压器、厂用配电装置、电缆、电动机等。厂用配电装置系由汇集电流用的母线、断路器、保护装置和仪表等组成。

厂用电在发电厂中是非常重要的负荷,它的中断,轻则影响发电量,重则导致整个电厂停止供电,甚至危及机组和人身的安全。所以,必须保证厂用电的高度可靠性,同时尽可能地降低厂用电率。

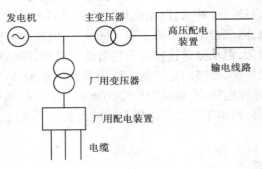

图1.3　发电厂电气系统

除了上述的主要系统外,火电厂还有其他一些辅助生产系统,如燃煤的输送系统、水的化学处理系统、灰浆的排放系统等。这些系统与主系统协调工作,它们相互配合完成电能的生产任务。大型火电厂为保证这些设备的正常运转,火电厂装有大量的仪表,用来监视这些设备的运行状况,同时还设置有自动控制装置,以便及时地对主辅设备进行调节。现代化的火电厂,已采用了先进的计算机分散控制系统。这些控制系统可以对整个生产过程进行控制和自动调节,根据不同情况协调各设备的工作状况,使整个电厂的自动化水平达到了新的高度,自动控制装置及系统已成为火电厂中不可缺少的部分。

1.4　火力发电厂的效率

在电力生产过程中存在各种能量损失,如果以电厂锅炉的输入能量为100%,则各种参数电厂的能量损失大致如表1.4所示。

表1.4　发电厂的能量损失

能量损失/%	中参数	高参数	超高参数	超临界参数	说　明
锅炉热损失	11	10	9	8	排烟、不完全燃烧、散热等
汽机机械损失	1	0.5	0.5	0.5	轴承摩擦、调速系统耗能
发电机损失	1	0.5	0.5	0.5	轴承摩擦、线圈发热等
管道系统损失	1	1.0	0.5	0.5	散热
凝汽器热损失	59	55	54.5	49.5	冷却水带走热
总损失	73	67	65	59	大于50%

从表1.4中可看出,汽轮机排汽在凝汽器中的热损失占了总输入能量的一半以上。但是,汽轮机排汽不凝结成水,就无法用水泵送回锅炉内,这是热力发电厂效率低的主要原因。尽管如此,仍然可以采取以下措施尽量减少冷却水带走的热损失,提高发电厂效率。

（1）提高蒸汽参数

蒸汽参数是指锅炉出口过热蒸汽的温度和压力。提高蒸汽参数可以增加蒸汽的做功能力,在汽轮机功率不变的情况下,可减少蒸汽消耗量,汽轮机排汽量相应减少,排汽在凝汽器中放出并由冷却水带走的热量下降,发电厂效率增加。蒸汽温度每提高 28 ℃,发电厂效率可提高 0.8%。蒸汽参数与发电效率的关系参见表 1.5。

表 1.5　蒸汽参数与发电效率的关系

机组类型	蒸汽压力/MPa	蒸汽温度/℃	电厂效率/%	供电煤耗/g/kWh
中压机组	3.5	435	27	460
高压机组	9.0	510	33	390
超高压机组	13.0	535/535	35	360
亚临界机组	17.0	540/540	38	324
超临界机组	25.5	567/567	41	300
高温超临界机组	25.0	600/600	44	278
超超临界机组	30.0	600/600/600	48	256
高温超超临界机组	30.0	700	57	215
超 700 ℃机组		大于 700	60	205

国产机组采用的蒸汽参数见表 1.2。国外火电机组曾采用的最高参数是蒸汽压力为 34.6 MPa,蒸汽温度为 649 ℃,该机组 1960 年在美国投入运行。世界上单机容量最大的 1 300 MW 机组采用的蒸汽压力为 24.6 MPa,蒸汽温度为 538 ℃。

目前世界上效率最高的火电机组为欧洲 600 MW 超超临界机组。我国正引进国外技术,合作生产推广超超临界机组发电设备。超临界机组的参数选择,压力采用 24.2 MPa,蒸汽温度为 566 ℃,比现在生产的亚临界机组高了一个等级,但仍属于国外 20 世纪 80 年代的水平。欧洲目前比较多地采用 28～30 MPa,蒸汽温度为 580～600 ℃,日本最近投入的超临界机组用 25 MPa、593～610 ℃的参数。超超临界机组是今后超临界机组的一个发展方向。我国发展超临界机组不能走国外发展的老路,要充分利用国外先进的技术,采购国外的材料加快发展步伐。因此,要加紧超临界机组关键技术的研究,争取实现从 24.2 MPa/566 ℃ 直接向 31 MPa/593 ℃过渡。

提高蒸汽参数将受到一些条件制约。提高蒸汽温度受到金属材料性能的限制,目前采用的蒸汽温度通常小于 570 ℃,超过这一温度,需采用价格昂贵且性能不很稳定的特殊合金钢。提高蒸汽压力会增大汽轮机低压部分蒸汽中的水分,影响汽轮机叶片的安全。为了解决这一问题,高参数电厂普遍采用蒸汽中间再热。

（2）中间再热

中间再热系统如图 1.4 所示。

中间再热就是将在汽轮机中经膨胀做功,压力和温度已降低了的蒸汽,引入锅炉内的再热器中重新加

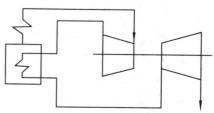

图 1.4　中间再热系统

热,一般将汽温提高到过热蒸汽温度后,再引回汽轮机中继续做功。中间再热可提高发电厂效率5%左右,同时可降低汽轮机低压部分蒸汽中的水分,有利于汽轮机叶片的安全和蒸汽压力的进一步提高。

我国125 MW以上机组均采用了蒸汽中间再热。

(3)给水回热

给水回热是指从汽轮机中抽出部分做过功的蒸汽,送到加热器中加热锅炉给水,提高锅炉给水温度。给水温度的提高使锅炉燃料消耗量下降,同时因抽出了部分蒸汽,减少了汽轮机排汽量,冷却水带走的热量下降,发电厂效率提高。

给水回热可提高发电厂效率10%~20%,因此火力发电厂普遍采用了给水回热加热。我国300 MW、600 MW机组选用了8台加热器,其中4台低压加热器,3台高压加热器,1台除氧器。加热器数量最多的是1 200 MW机组,共有9台加热器。

给水回热加热系统如图1.2所示。

(4)热电联产

利用汽轮机的抽汽或排汽供给热用户,可以减少或避免凝汽器中的热损失,使发电厂效率提高。这种同时生产电能和热能的生产过程称为热电联产,相应地将这种发电厂称为热电厂。

最简单的热电联产是取消凝汽器,汽轮机的全部排汽在高于大气压力的情况下供给热用户,完全避免了凝汽器中的热量损失,这种汽轮机称为背压式汽轮机。但这种系统热、电负荷相互制约,难以同时满足用户对热能和电能的需要。在此基础上产生了具有可调节抽汽式供热系统,在这种系统中,用压力可调节的汽轮机抽汽供热,其余排汽仍进入凝汽器凝结,通过合理的调节,可以同时满足供热和供电的需要。

热电联产要求有相对集中的采暖或工业热用户,同时供热管网投资较大,其应用受到一定的限制。

热电厂热力系统如图1.5所示。

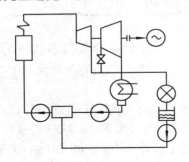

图1.5 热电厂热力系统

另外,从设计制造、运行和管理技术上提高发电厂效率的方法有:减少汽、水的"跑、冒、滴、漏"现象;改进热力系统及设备的结构与性能;重视机组启停安全,减少机组启停次数;采用先进的自动控制设备和系统,对整个电厂的经济性、安全可靠性连续监督、查核和及时处理等。

复习思考题

1.1 热力发电厂按使用的能源可分为哪几种类型?

1.2 什么是火力发电厂?

1.3 我国电站系列产品有哪些?

1.4 煤的主要成分有哪些?对燃烧有何影响?

1.5 什么叫标准煤?采用标准煤有何意义?

1.6 热力发电厂有哪些能量转换过程?

1.7　热力发电厂是由哪些主要设备组成的？

1.8　热力发电厂中哪一项损失最大？

1.9　提高热力发电厂效率的途径有哪些？

1.10　目前国产机组采用的蒸汽参数是多少？

1.11　给水回热为什么能够提高发电厂效率？

第 **2** 章
锅炉设备

2.1 概 述

2.1.1 锅炉的作用和工作原理

电站锅炉的作用是利用燃料燃烧释放的热能加热给水,生产足够数量的、达到规定参数和品质的过热蒸汽。蒸汽的数量称为锅炉的蒸发量,常以吨/时(t/h)为单位。蒸汽的参数主要是指蒸汽的压力和温度,单位分别是兆帕(MPa)和摄氏度(℃)。蒸汽品质是指蒸汽的纯洁程度,一般用蒸汽中所含杂质(主要是盐类物质)的数量来表示,蒸汽含盐量越低,蒸汽品质越好。

锅炉的工作原理是:将燃料的化学能通过燃烧转变成火焰和烟气的热能,再通过传热转变成水和蒸汽的热能。在锅炉中进行着两个基本过程:即燃料的燃烧过程和汽水的吸热过程。因此,锅炉的基本工作系统包括燃烧系统和汽水系统两大部分。

2.1.2 锅炉的规范及类型

锅炉的规范主要包括锅炉容量、额定蒸汽参数和额定给水温度等表征锅炉基本特性的物理量。

锅炉容量一般是指锅炉在设计条件下所规定的蒸发量,又称额定蒸发量。我国常用锅炉在规定条件下的最大连续蒸发量来表示锅炉容量。

额定蒸汽参数是指锅炉在设计条件下所规定的过热器出口处的蒸汽压力和蒸汽温度。对于装有再热器的锅炉,蒸汽参数还包括再热器出口的蒸汽温度。

额定给水温度是指在规定负荷范围内应予保证的锅炉进口处给水温度。

锅炉的类型及主要特点如表2.1所示。

表 2.1 锅炉的类型及主要特点

分类方法	类型名称	主要特点
按蒸汽用途	电站锅炉	生产蒸汽主要用于发电
	工业锅炉	生产蒸汽主要用于工业生产和采暖
按汽水流动方式	自然循环炉	利用工质密度差所形成的推动力进行循环流动
	强制循环炉	主要利用下降管中安装的循环泵进行循环流动
	直流锅炉	使给水在水泵作用下在锅炉内一次通过并产生蒸汽
按燃料燃烧方式	层燃炉	固体燃料在炉排上铺成层状进行燃烧,一般用于工业锅炉
	煤粉炉	燃料在炉膛空间中悬浮燃烧
	流化床锅炉	燃料在流化床上呈流化状态进行燃烧
按排渣方式	固态排渣炉	燃烧后的灰渣呈固态排出炉膛
	液态排渣炉	燃烧后的灰渣呈液态排出炉膛
按蒸汽参数高低	中压锅炉	出口蒸汽压力为 2.94 ~ 4.90 MPa
	高压锅炉	出口蒸汽压力为 7.84 ~ 10.8 MPa
	超高压锅炉	出口蒸汽压力为 11.8 ~ 14.7 MPa
	亚临界压力锅炉	出口蒸汽压力为 15.7 ~ 19.6 MPa
	超临界压力锅炉	出口蒸汽压力高于临界压力(22.129 MPa)

2.1.3 燃料在锅炉中的燃烧方式

(1)室燃方式

这是目前大多数电厂锅炉采用的燃烧方式,即将燃料以粉状(对固体燃料)、雾状(对液体燃料)或气态(对气体燃料)随同空气喷入炉膛(燃烧室)中,一边流动一边进行燃烧;炉膛温度一般为 1 400 ~ 1 700 ℃。

煤粉炉按炉膛的结构不同主要有以下两种形式:

1)常规 π 型锅炉

炉膛由四面垂直的炉墙包围,炉顶为水平结构;在炉膛下部由前墙和后墙向内收缩形成冷灰斗,在炉膛后墙靠近烟气出口处由后墙向内凸进形成折焰角;炉墙上密布水冷壁管,一方面用于使水吸热后产生蒸汽,另一方面可保护炉墙材料不被烧坏。煤粉由布置在炉墙上的燃烧器(又称为喷燃器)按规定方式和速度喷入炉膛中,形成向上燃烧的火焰,燃烧生成的烟气和较细的飞灰从炉膛上部转弯进入水平烟道,而尺寸较大的炉渣从下部冷灰斗进入除渣装置并被排走,如图 2.1 所示。

目前世界各国大多数火电厂均采用 π 型锅炉。

2)W 火焰锅炉

W 火焰锅炉也属于煤粉炉,但在炉膛结构上做了改进。炉膛的前墙和后墙在中下部通过转折形成拱形结构,燃烧器布置在炉拱上,煤粉向下喷入炉膛,然后 180°转弯向上流动,燃烧

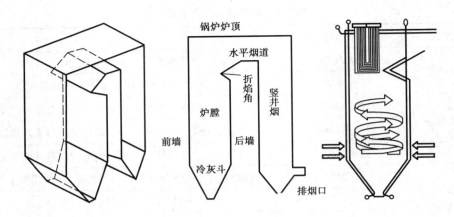

图 2.1　煤粉炉结构及工作过程示意图

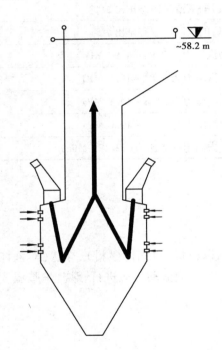

图 2.2　W 火焰锅炉

室内的火焰呈"W"型,使得煤粉在炉膛内的停留时间延长,有利于煤粉的充分燃烧。W 火焰锅炉燃烧效率高,生成的氧化氮少,特别适合燃烧劣质煤,如图 2.2 所示。

W 火焰锅炉是美国最先开发出来的技术,现已有 60 余台 W 火焰锅炉在一些国家投入运行。我国引进了 6 台 W 火焰锅炉,分别安装在上安、珞璜和岳阳电厂。东方锅炉厂现已引进了 W 火焰锅炉的制造技术。目前国外最大的 W 型火焰锅炉所配机组容量为 770 MW,安装在德国。

(2)流化床燃烧方式

流化床燃烧方式是使粒状固体燃料在适当的空气流速作用下,在炉膛及其下部的布风装置上呈流化状态进行燃烧。炉膛温度一般为 800～1 000 ℃。

当固体颗粒受一定流速的流体作用时,颗粒的重力全部由流体的摩擦力所承托,单个颗粒不再依靠与其他邻近颗粒的接触而维持它的空间位置,每个颗粒可在床层中自由运动,整个固体颗粒层具有了许多类似于流体的性质,称为固体被流态化。

在流化床锅炉中,粒状固体燃料(尺寸一般为 8～12 mm 以下)被给煤机推送进入炉膛后,在布风装置供入的空气吹送下被流态化,当空气流速较高时,大部分粒状燃料将随烟气一起向上吹出炉膛。在炉膛出口装设有分离装置,使尺寸较大的粒子从烟气中分离出来,再通过回料装置又送回炉膛下部继续进行燃烧,这种流化床炉称为循环流化床锅炉,英文缩写是 CFB(Circulating Fluidized bed)。循环流化床锅炉如图 2.3 所示。

流化床燃烧技术是洁净、高效的新一代燃煤技术。我国自 20 世纪 60 年代初就开始研究流化床燃烧技术。目前国产流化床锅炉容量最大为 220 t/h,正在开发 420 t/h 的循环床锅炉。四川高坝电厂引进芬兰奥斯龙公司的 410 t/h 循环流化床锅炉已于 1998 年投入了运行,正在四川白马电厂安装的 1 000 t/h 循环流化床锅炉是我国目前最大的循环流化床锅炉。

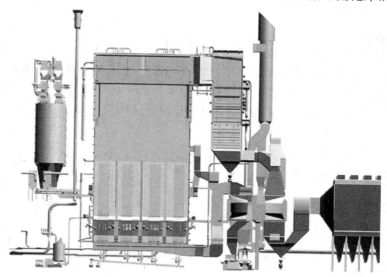

图 2.3　循环流化床锅炉

2.1.4　汽水在锅炉中的流动方式

由给水变成过热蒸汽一般需经过加热、蒸发和过热三个阶段,在锅炉中有三种换热设备(又称受热面)来完成相应的加热过程,这就是:

省煤器——主要用于使给水加热升温;

水冷壁——主要用于使水蒸发产生蒸汽;

过热器——用于使蒸汽进一步升高温度。

给水在省煤器中依靠给水泵的压头进行流动,蒸汽在过热器中依靠锅炉产生的蒸汽压力进行流动,而水在水冷壁中的流动则有以下几种不同的方式:

(1)自然循环方式

在自然循环锅炉中,由锅筒(又称汽包)、下降管、水冷壁等部件组成水循环回路。锅筒布置在炉膛上部,不受热,内部装有汽水分离装置。下降管布置在炉膛外,不受热,管内为密度较大的水。水冷壁布置在炉膛内,受炉膛火焰和烟气的加热,部分水蒸发后形成汽水混合物,其密度较小。回路两侧因存在密度差而产生压差,使下降管内较重的水不断向下流动进入水冷壁中,水冷壁中变轻了的汽水混合物不断向上流动进入锅筒中;经锅筒内的汽水分离装置进行汽水分离后,蒸汽向上进入过热器进一步加热,水又进入下降管中,从而形成水的循环流动。由于这种循环流动是依靠汽与水的密度差所形成的压差来维持的,没有依靠外加机械力的作用,故称为自然水循环,如图 2.4 所示。

在自然循环锅炉中,水变汽的三阶段有明显分界点,故汽水流动特性简单,控制和操作要求相对较低,目前应用十分广

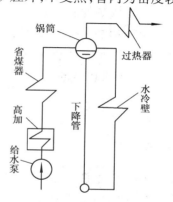

图 2.4　自然循环锅炉

23

泛;但因锅炉工作压力升高时汽水的密度差减小,水循环的动力将减小,使流动变困难,因而不能用于较高压力的锅炉。

(2)强制循环方式

强制循环锅炉的结构和工作过程与自然循环锅炉相似,只是在下降管与水冷壁之间增加了锅水循环泵,水的循环流动主要依靠锅水循环泵产生的压头来维持。该种锅炉一般均在水冷壁入口处装设不同孔径的节流圈,使各根水冷壁管的水流量与其受热强度相匹配,从而使循环过程得到人为控制,故又称为控制循环锅炉,如图 2.5 所示。

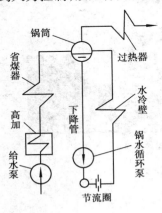

图 2.5　控制循环锅炉　　　　　　　　图 2.6　直流锅炉

控制循环锅炉由于增大了水循环的推动力,可在汽水密度差较小时有效保证水的流动速度,使水冷壁管的安全性提高,一般用于亚临界压力(16.0~20.0 MPa)锅炉中。但由于锅水循环泵的结构复杂,制造技术要求较高,故目前的应用尚不广泛。

(3)直流锅炉

当蒸汽压力超过了临界压力(22.129 MPa)时,蒸发设备中汽与水的密度相等,无法利用汽水密度差构成水的循环以及在锅筒内进行汽水分离,此时只能采用直流锅炉。

直流锅炉的特点是没有锅筒,水在给水泵的作用下一次性通过锅炉的各个受热面,完成水的加热、蒸发和蒸汽过热任务。直流锅炉可适用于任何压力的锅炉,对超临界压力机组,必须使用直流锅炉。

直流锅炉的原理如图 2.6 所示。

直流锅炉运行中,水变汽三个阶段的分界点位置随运行工况变化,因此对控制操作的要求较高;在启动时,为保证水冷壁管的安全,必须保持一定的水流量,从而需设置专门的启动系统,回收工质和热量。

2.2　锅炉的汽水系统

锅炉汽水系统即锅炉的"锅"部分,其工作任务主要有以下几方面:

①及时而连续地将给水供入锅炉;

②使水吸热、蒸发,使蒸汽过热和再热;

③减少蒸汽中的杂质,使蒸汽净化。

锅炉汽水系统主要包括以下设备:给水泵及水量调节装置、省煤器、锅筒(汽包)、下降管、水冷壁、过热器、再热器、蒸汽净化装置及汽温调节装置等。

2.2.1 汽水系统的工作过程

自然循环锅炉汽水系统的工作流程如图2.7所示。

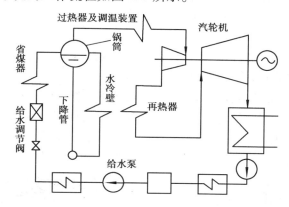

图2.7 锅炉汽水系统流程图

给水由给水泵升高压力,并经调节水量后送至省煤器,吸收烟气的热量后温度升高,然后进入锅筒;再由下降管输送至水冷壁;水在水冷壁中吸收炉膛内燃料燃烧放出的热量,使水部分蒸发,形成汽水混合物向上流入锅筒;锅筒内的汽水分离装置将汽水混合物中的水与蒸汽进行分离;分离出的蒸汽进入过热器,再进一步吸热成为具有一定压力和温度的过热蒸汽,供汽轮机用汽。分离出的水则又进入下降管和水冷壁,构成水的循环。

超高压以上的锅炉一般还装有再热器,用于加热从汽机高压部分做功后引出的蒸汽,经再次吸热升高温度后,又送入汽机中、低压部分继续做功。

2.2.2 汽水系统的主要设备

(1)锅筒(汽包)

锅筒是用厚钢板卷制而成的圆筒形容器,两端有半球形封头,在圆筒形筒身上焊接有很多短管,用于连接其他汽水设备,其结构如图2.8所示。

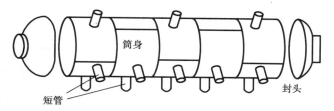

图2.8 锅筒结构示意图

锅筒是锅炉汽水设备的连接枢纽,它一方面汇集省煤器来的给水,并将水分配给下降管;另一方面又汇集水冷壁产生的汽水,并将分离出的蒸汽送入过热器。同时锅筒内可储存一定的汽水,在负荷(外界用汽量)变化较快时起缓冲作用,使锅炉蒸汽参数的控制较容易。在锅筒内装有蒸汽净化装置,利用蒸汽与水的密度差进行汽水分离。

锅筒的一般尺寸为:内径 1.6 ~ 1.8 m,壁厚 80 ~ 150 mm,长度 14 ~ 30 m,质量 30 ~ 300 t。

(2)下降管

下降管采用无缝钢管,布置在锅炉炉膛外,不受热。下降管用于将锅筒内的水送入水冷壁。国产 300 MW 机组锅炉一般采用 4 ~ 6 根外径为 406 ~ 508 mm 的大直径下降管,集中布置在锅筒的下部,称为大直径集中下降管。水在下降管的下部由小直径的配水管送至下联箱,然后进入水冷壁。

(3)水冷壁

水冷壁的结构如图 2.9 所示。它由许多外径为 45 ~ 65 mm 的无缝钢管均匀地布置在炉膛的四壁上,管子两端分别与上下联箱相连。

联箱是一根直径较大的短管,两端有封头,可用于连接不同直径或数量的两部分管子。

水冷壁的作用:一是吸收炉膛内火焰和烟气的热量,使管内的水部分蒸发,产生汽水混合物;二是减少炉墙的吸热,保护炉墙不被烧坏。大型锅炉广泛采用膜式水冷壁,用扁钢将无缝钢管焊接成片,可以增加管子的吸热量,并使炉墙得到更好的保护。

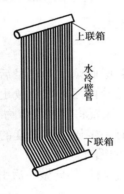

图 2.9　水冷壁结构

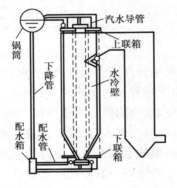

图 2.10　自然循环锅炉的蒸发设备

锅筒、下降管及水冷壁等构成自然循环锅炉的蒸发设备,其连接示意如图 2.10 所示。

(4)省煤器

省煤器是由直径为 28 ~ 38 mm 的无缝钢管弯制成蛇形管,两端连接在进出口联箱上,卧式(管子轴线水平)布置在锅炉竖井烟道中,如图 2.11 所示,其作用是利用锅炉低温烟气的热量加热送入锅炉的给水。

锅炉采用省煤器后,可降低排出的烟气温度,减少排烟带走的热损失,提高热效率,从而节省燃料消耗量,故称为省煤器。

(5)过热器和再热器

过热器和再热器均是加热蒸汽的受热面,但蒸汽的来源各不相同。过热器用于加热从锅筒引出的饱和蒸汽,压力较高。再热器用于加热在汽机高压部分做功以后的蒸汽,压力较低。但两者需要使蒸汽达到的温度基本相同,目前大多数锅

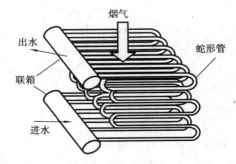

图 2.11　省煤器结构及工作过程

炉的出口汽温在 540～570 ℃之间。

过热器和再热器的结构形式基本相同,主要有以下三种类型:

1)蛇形管式

由无缝钢管弯制成蛇形管布置在锅炉的水平烟道中,或卧式布置在竖井烟道中。一般布置在省煤器上部及水平烟道。由于主要依靠烟气冲刷进行对流换热,又称对流式。

2)屏式

由无缝钢管弯制成"U"形或"W"形,两端并排连接在进出口联箱上,构成屏状结构,如图 2.12 所示。当屏式受热面悬挂在炉膛上部时,主要依靠炉膛内火焰辐射进行传热,称为辐射式。

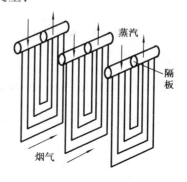

图 2.12　屏式过热器

3)壁式(墙式)

由无缝钢管贴壁布置,结构类似于水冷壁。布置位置可在炉膛和水平烟道顶部、水平烟道和竖井烟道侧墙,以及炉膛上部的水冷壁外侧。

锅炉本体汽水设备布置及工作流程如图 2.13 所示。

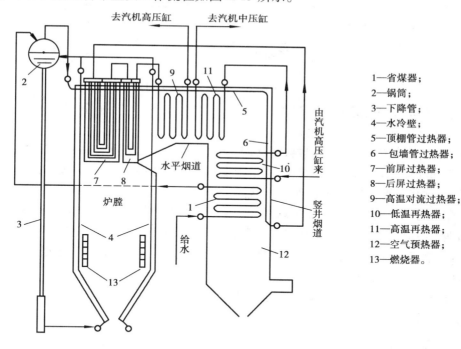

1—省煤器;
2—锅筒;
3—下降管;
4—水冷壁;
5—顶棚管过热器;
6—包墙管过热器;
7—前屏过热器;
8—后屏过热器;
9—高温对流过热器;
10—低温再热器;
11—高温再热器;
12—空气预热器;
13—燃烧器。

图 2.13　锅炉本体汽水设备布置及工作流程示意图

2.3　锅炉的燃烧系统

锅炉燃烧系统即锅炉的"炉"部分,其工作任务主要有以下几方面:

①及时而连续地将燃料和空气供入燃烧空间(炉膛);

②使燃料与空气良好混合,迅速着火,完全燃尽;

③及时排出燃烧产物(烟气、飞灰、炉渣等);

④减轻燃烧产物中的有害成分(飞灰、SO_2、NO_x 等)对环境的污染。

燃煤锅炉的燃烧系统主要包括以下设备:燃料运输设备、制粉设备、炉膛(燃烧室)、燃烧器、空气预热器、除渣除尘设备、通风设备等。

2.3.1 燃烧系统的工作过程

煤粉炉燃烧系统的基本工作流程如图 2.14 所示。

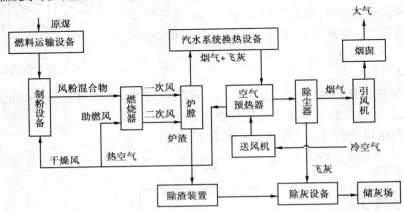

图 2.14 煤粉炉燃烧系统工作流程图

运到电厂的原煤首先通过燃料运输设备输送到制粉设备,将煤进行干燥和磨细。磨好的煤粉用风吹送,经过燃烧器进入炉膛。

送风机将冷空气送入空气预热器,吸收烟气的热量,使其变成具有一定温度的热空气。热空气分成两部分:一部分送入制粉设备,用于干燥原煤和输送煤粉,称为一次风;另一部分直接经燃烧器送入炉膛,用于帮助燃烧,称为二次风。

输送煤粉的一次风与助燃的二次风经燃烧器喷入炉膛燃烧后,产生高温火焰和烟气;烟气在炉膛和烟道中流动,依次将热量传给水冷壁、过热器、再热器、省煤器等汽水系统换热设备和空气预热器,烟气自身的温度逐渐降低,经除尘器除去飞灰后进入引风机,由引风机升高压力后送入烟囱,排入大气之中。

炉膛燃烧产生的炉渣依靠重力下落至除渣装置,与除尘器除下的飞灰一起由除灰设备输送储灰场。

2.3.2 制粉系统

采用室燃方式燃烧煤时,需将煤磨制成细煤粉,故煤粉炉均配有制粉系统。

制粉系统的工作任务是将煤进行干燥和磨细,生产细度和水分合格的煤粉,保证锅炉燃烧需要。

制粉系统按工作特点不同分为直吹式和贮仓式两种。

直吹式制粉系统如图 2.15 所示,由燃料运输设备送来的原煤先进入原煤斗中,再由给煤机根据锅炉负荷(需要生产的蒸汽量)的要求,送入磨煤机中;同时由空气预热器来的热空气

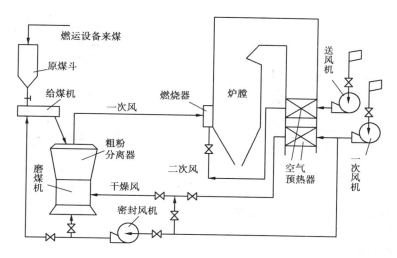

图 2.15 直吹式制粉系统

进入磨煤机对煤进行干燥。煤在磨煤机中被干燥和磨细后,进入粗粉分离器将不合格的粗粉分离出来,送回磨煤机继续磨制;合格的煤粉则随干燥风一起经燃烧器直接送入炉膛内燃烧。这种系统比较简单,设备投资和占地面积少,但要求磨煤机随时满足锅炉负荷的要求,同时对煤种有一定限制,目前在大型机组上采用较多。

在贮仓式制粉系统中,磨煤机出口的煤粉和空气混合物经过分离粗粉后,进入细粉分离器,利用离心力将煤粉从空气中分离出来,贮存在煤粉仓中,再根据燃烧需要由给粉机将煤粉送入炉膛。这种系统运行比较灵活、可靠,但系统较复杂,投资和运行费用高。国产机组以前采用较多。

2.3.3 燃烧系统的设备

(1)炉膛

炉膛是燃料的燃烧空间,它是由四面炉墙和炉顶围成的高大的立方体空间,炉膛四周布满水冷壁管用以吸收燃烧放出的热量,如图 2.15 所示。

煤粉炉的炉膛温度很高,其中心温度可达 1 400 ~ 1 600 ℃以上。由于煤粉随风流动,在炉膛内的停留时间较短,一般不超过 3 s。

流化床炉的炉膛下部设有布风装置和进风室,用于均匀地向炉膛内供风,使固体燃料呈流化状态。为了不使灰渣在高温下熔化后粘结成块,保证固体颗粒形成流化状态,其炉膛温度一般控制在 800 ~ 1 000 ℃之间。

(2)燃烧器

燃烧器是煤粉锅炉的主要燃烧设备,它用于将空气和燃料按一定方式、比例和速度送入炉膛,从而形成良好的着火条件,并使燃料与空气形成强烈而均匀的混合,为燃料迅速着火和完全燃烧创造条件。

直流式燃烧器由数个矩形或圆形的喷口按一定的方式排列而成,各喷口分别通入一次风和二次风,喷口出口射流为直流射流,如图 2.16 所示。

直流式燃烧器一般布置在炉膛的四个角上,其喷口轴线对准炉膛中心的一个假想圆的切线。在四角喷出的气流共同作用下,可在炉膛中形成旋转上升的燃烧火焰,称为四角布置切圆

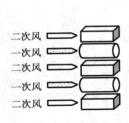

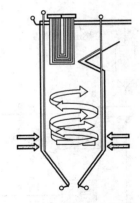

图 2.16　直流式煤粉燃烧器结构示意图　　　　图 2.17　四角布置切圆燃烧方式

燃烧方式,如图 2.17 所示。

(3) 空气预热器

空气预热器(简称空预器)的作用是利用烟气余热对进入锅炉的空气进行加热。它安装在省煤器后面的烟道中,加热后的空气可达 300 ℃以上。热空气进入炉膛可提高炉膛温度,有利于燃料的燃烧。

常用的空预器有管式和回转式两种。

管式空预器由薄壁钢管焊接在上下管板上,构成空预器管箱,布置在竖井烟道中。烟气从上向下在管子内流动,空气在管外横向冲刷管子,通过管壁传递热量。管式空预器结构和工作原理如图 2.18 所示。

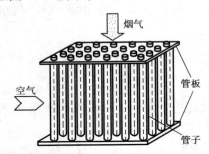

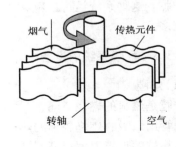

图 2.18　管式空气预热器　　　　　　　图 2.19　回转式空预器工作原理示意图

回转式空预器由旋转的传热元件(波形薄钢板)和固定的烟气、空气通道组成,其工作原理如图 2.19 所示。烟气和空气交替地冲刷旋转的波形板,使波形板从烟气中吸收热量,然后传递给空气。

2.4　锅炉辅机及附件

2.4.1　锅炉辅机

锅炉的辅机主要有磨煤机、送风机、引风机、除尘器、脱硫装置等。

（1）磨煤机

磨煤机用于将煤磨制成煤粉，是煤粉炉的重要辅机。火电厂常用磨煤机的种类和有关特点如表 2.2 所示。

表 2.2　常用磨煤机类型

种　类	低速磨煤机	中速磨煤机	高速磨煤机
常用形式	筒型钢球式	碗式和轮式	风扇式
转速	16～25 r/min	50～300 r/min	500～1 500 r/min
基本原理	钢球撞击和挤压	磨辊挤压和碾压	扇叶撞击
特点	体积大，笨重，耗钢材多，噪音大，耗电多。一般用于贮仓式制粉系统	体积小，耗钢材少，耗电少，噪音小，维护工作量大。一般用于直吹式制粉系统	结构简单，耗电量最小，部件磨损较快。用于直吹式制粉系统
适用煤种	能磨各种煤，特别适用于较硬并要求磨得较细的煤	不易磨高水分和较硬的煤	适合磨高水分、高挥发分煤
使用情况	我国应用最广，欧美各国主要用于磨制无烟煤	欧美各国广泛采用，我国以前使用较少	我国用得较少，德国和东欧各国采用较多

目前我国应用最多的低速筒型钢球磨煤机的结构和工作原理如图 2.20 所示。

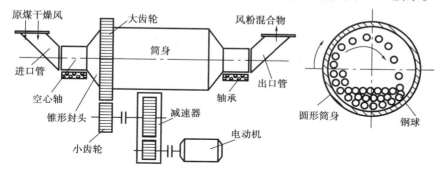

图 2.20　低速筒型钢球磨煤机结构及工作原理

磨煤机筒身是由钢板卷制的圆筒（直径：2.5～4 m，长度：3～10 m），两端为锥形封头；封头上连接空心管，既作为筒身的旋转轴，又是煤和风的进出口通道。筒身外的一端装有大齿轮，通过小齿轮和减速器与电动机相连。筒身内装有直径为 40～70 mm 的钢球，钢球体积占筒身体积的 25%～35%。

当圆筒被电动机带动以低速旋转时，筒内钢球受离心力作用，贴在筒壁上随圆筒转动；在钢球被提升到一定高度后，由于重力大于离心力而向下抛落，对筒内的原煤产生撞击作用；同时，钢球在提升过程中会产生滚动，对煤形成挤压和碾磨作用，从而使煤被磨细。

由空预器来的热风随煤一起进入筒内，对煤进行干燥，并携带磨细的煤粉形成风粉混合物离开磨煤机。

（2）送风机与引风机

送风机的作用是将燃烧所需的空气升高压力后，先送入空预器加热，再送往磨煤机（干燥风）和燃烧器（助燃二次风）。送风机的风量应满足煤粉燃烧的需要，以保证煤粉能完全燃烧。

引风机的作用是将燃烧产生的烟气从炉膛中抽出，经烟道中各换热设备进行放热，再经除尘器除去飞灰，然后升高压力后送入烟囱，并由烟囱排入大气中。在排走烟气的同时，维持炉膛内烟气压力略低于大气压力，以免烟气从炉膛和烟道的缝隙处向外泄漏。

由于煤粉炉的烟气中含有灰粒，会对引风机形成磨损；同时烟气中含有硫酸蒸汽，在温度较低的壁面上会凝结成酸液，对金属产生腐蚀；因此，引风机的工作条件较差，需采取相应的保护措施。

（3）除尘器

除尘器用于除去烟气中的飞灰，以减轻对环境的污染。

煤在锅炉内燃烧后，有80%～90%的灰分形成飞灰并随烟气一起排出锅炉。一座1 200 MW的电厂，燃用含灰量为24%的煤时，飞灰量超过100 t/h；如果烧劣质煤，则飞灰量更多，这会对环境造成严重污染。因此，必须采用除尘设备，清除烟气中的飞灰。

电厂常用除尘器类型及其特点见表2.3。

表2.3　常用除尘器的类型及其特点

种　类	工作原理	特　点	使用情况
干式除尘器	利用旋转时产生的离心力和惯性力进行分离	除尘效率60%～85%，易堵塞	小型锅炉使用较多
湿式除尘器	利用水滴或液膜捕获烟气中的灰粒	除尘效率80%～92%，耗水量大	以前使用较多
电气除尘器	利用高压直流电形成强电场，吸住烟气中的灰粒并除去	除尘效率90%～99.5%，阻力小，适应性强，但体积庞大，造价高	现在普遍使用

电气除尘器具有处理烟气量大、压力损失小和除尘效率高的优点，是目前治理电厂烟尘的主要手段。我国300 MW以上机组已将其作为配套装置。

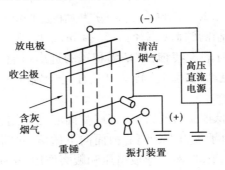

图2.21　电气除尘器工作原理

电气除尘器的工作原理如图2.21所示。板状电极为收尘极，连接电源的正极；丝状电极为放电极，连接电源的负极。在高压直流电场（60～200 kV）作用下，两极之间的气体发生电离,产生正负离子。当含灰烟气通过时,灰粒带上电荷,受静电吸引力的作用,大部分灰粒向收尘极移动并被吸附,然后通过振打使灰粒落入下部灰斗中。

(4)烟气脱硫装置

锅炉排出的烟气中除了飞灰外还有一些有害气体,主要是二氧化硫和氧化氮。消除烟气中有害气体的方法:一是通过改进燃烧方式,控制燃烧温度,以减少有害气体的产生,如循环流化床燃烧,分级燃烧等;二是安装烟气脱硫、脱氮装置进行消除。

目前应用最多的烟气脱硫方法是吸附法。即利用碱性化合物、金属氧化物或活性炭等作为吸收剂,使之与烟气混合接触后产生吸附作用,将烟气中的二氧化硫除掉。图2.22 所示为烟气脱硫的一般流程。

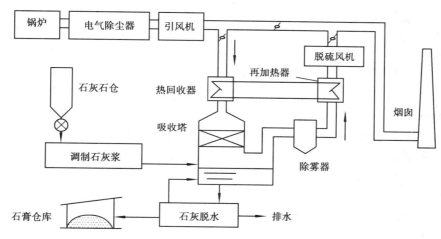

图2.22　烟气脱硫基本流程示意图(湿式石灰/石膏法)

我国一些电厂已开始投入脱硫装置,重庆珞璜电厂从日本引进的脱硫装置不仅能除去烟气中96.5%的硫,而且还可生产副产品——石膏,既满足了环保要求,又增加了经济效益。

2.4.2　锅炉附件

锅炉上的主要附件有以下几种。

(1)水位计

水位计用于反映锅筒内水位的高低。

锅炉运行中,锅筒水位的高低直接影响锅炉和汽轮机设备的安全运行。水位过高,容易使蒸汽大量带水,导致蒸汽品质恶化和蒸汽温度降低,严重时会引起蒸汽管道和汽轮机产生水冲击现象,造成剧烈振动。水位过低,会影响锅炉蒸发设备内水循环的可靠性;水位严重偏低时,会使水冷壁因缺水而导致金属过热,甚至发生爆管事故。

为此,锅炉运行中需要控制锅筒水位在规定范围内。一般锅筒上至少要装设两套以上水位监视装置,并应设有水位超限报警装置。水位计如图2.23所示。

(2)安全阀

安全阀是一种自开式阀门,用于当容器内蒸汽压力上

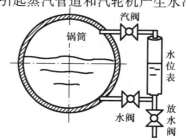

图2.23　水位计工作原理

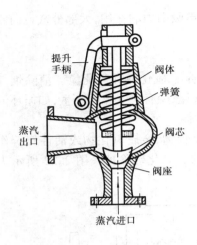

提升手柄
阀体
弹簧
蒸汽出口
阀芯
阀座
蒸汽进口

图 2.24　弹簧式安全阀

升到规定限度时自动开启,进行排汽降压,当蒸汽压力恢复正常后又自动关闭。在内部压力高于大气压力的设备上必须装设安全阀,以防止设备因内压过高而发生爆破事故。

在锅炉的锅筒上、过热器出口及再热器进出口处均装有安全阀,其安装位置和安装个数都有非常严格的要求。

锅炉上常用的弹簧式安全阀结构如图 2.24 所示。阀座内的通道与锅炉蒸汽空间相通,阀芯由弹簧产生的压紧力压在阀座上,使安全阀关闭。当蒸汽向上的作用力大于阀芯所受的向下压紧力时,阀芯被顶起,蒸汽通过阀芯与阀座之间的缝隙向外排出。排汽后蒸汽压力降低使蒸汽作用力小于阀芯压紧力时,阀芯又被压下,安全阀自动关闭。

(3)防爆门

防爆门是安装在炉墙和烟道上的安全门。当炉膛内发生爆炸,压力上升到一定限度时,防爆门自动打开,使压力降低,防止或减轻炉墙和烟道的破坏。近年来,在大型锅炉上装设可靠的炉膛压力保护装置后,就不用再设置防爆门。

(4)阀门

为了对汽水流动过程进行控制和调节,火电厂热力系统中采用了大量的管道阀门,其中最基本的有三种:

截止阀——用以接通或切断流动介质的通路;

调节阀——用以控制或调节流动介质的流量或压力;

止回阀——用以阻止流动介质倒流。

复习思考题

2.1　锅炉的作用是什么?简述锅炉的基本工作原理。

2.2　锅炉自然水循环的原理是什么?自然循环锅炉有哪些主要特点?

2.3　室燃方式与流化床燃烧方式锅炉分别有哪些主要特点?

2.4　锅炉汽水系统的工作任务有哪些?有哪些主要设备?各起什么作用?

2.5　锅炉燃烧系统的工作任务有哪些?有哪些主要设备?各起什么作用?

2.6　锅炉有哪些主要辅助机械?分别起什么作用?

2.7　锅炉有哪些主要附件?分别起什么作用?

第**3**章
汽轮机设备

3.1 概　述

3.1.1 汽轮机的参数及类型

汽轮机的参数主要有汽轮机的容量和蒸汽参数。汽轮机的容量是指汽轮机的发电能力，也称功率，单位为千瓦（kW）。汽轮机的蒸汽参数是指汽轮机进口的蒸汽压力和蒸汽温度。由于锅炉生产的蒸汽在管道中流动产生压力损失和散热损失，所以进入汽轮机的蒸汽参数比锅炉出口处要低一些。

汽轮机类型及主要特点如表3.1所示。

表3.1　汽轮机类型及主要特点

分类方法	类型名称	简要说明
按工作原理	冲动式汽轮机	利用蒸汽的冲力做功
	反动式汽轮机	利用蒸汽的冲力和反作用力做功
按热力特性	凝汽式汽轮机	蒸汽在汽轮机内做功后全部排入凝汽器
	背压式汽轮机	蒸汽在汽轮机内做功后在高于大气压力下排出，无凝汽器
	调节抽汽式汽轮机	汽轮机中做过功的部分蒸汽从汽轮机中抽出供应热用户
	抽汽背压式汽轮机	具有调整抽汽的背压式汽轮机
	中间再热式汽轮机	蒸汽在汽轮机内膨胀做功到某一压力后，被全部抽出送往锅炉的再热器加热，再热后的蒸汽重新返回汽轮机继续膨胀做功

续表

分类方法	类型名称	简要说明
按蒸汽参数	低压汽轮机	1.18 ~ 1.47 MPa
	中压汽轮机	1.96 ~ 3.92 MPa
	高压汽轮机	5.88 ~ 9.8 MPa
	超高压汽轮机	11.78 ~ 13.73 MPa
	亚临界汽轮机	15.69 ~ 17.65 MPa
	超临界汽轮机	大于 22.13 MPa

3.1.2 汽轮机的工作原理

最简单的冲动式汽轮机如图 3.1 所示。汽轮机中能量转换的主要部件是喷管和叶片。蒸汽进入汽轮机后,首先流过喷管。在喷管中,蒸汽的压力和温度降低,体积膨胀,流速增大,蒸汽的热能转变为动能;然后,从喷管出来的高速汽流冲动装在叶轮上的叶片,使叶轮带动轴旋转,完成了热能到机械能的转换。汽轮机通过联轴器带动发电机旋转,从而使机械能转换成电能。

图 3.1 单级汽机结构

1—轴;2—叶轮;3—动叶片;4—喷管

蒸汽在冲动叶片旋转的同时,会产生一个沿汽轮机大轴方向的作用力,称为轴向推力。轴向推力过大会导致汽轮机设备损坏事故。

在反动式汽轮机中,蒸汽不仅在喷管中膨胀加速,在通过叶片时,蒸汽将继续膨胀,在离开叶片时对叶片产生反作用力而做功。

汽轮机中的一列喷管和后面的一列叶片组成汽轮机的一个级。发电厂毫无例外地都采用多级汽轮机,多级汽轮机具有效率高、容量大等一系列优点。我国 300 MW 和 600 MW 机组的级数分别为 36 级和 57 级。多级汽轮机如图 3.2 所示。

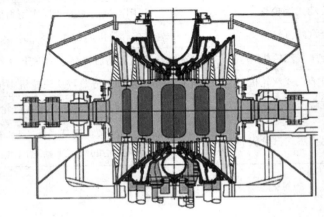

图 3.2 多级汽轮机低压缸剖面图

由于蒸汽在各级中逐渐膨胀,压力不断降低,比容不断增大,喷管和叶片的高度沿蒸汽流动方向是不断增大的。

3.2　汽轮机的结构

汽轮机本体是由静止部分(静子)和转动部分(转子)组成的。静止部分包括汽缸、喷管、隔板、轴承、汽封等;转动部分包括大轴、叶轮、叶片、联轴器、盘车装置等。

3.2.1　静止部分

(1)汽缸

汽缸是汽轮机的外壳,其主要作用是将汽轮机内部与大气隔开,形成封闭的汽室,以保证蒸汽在汽轮机中完成做功过程。为了便于安装,汽缸一般沿水平面分成上下两半,用螺栓连接。

大容量汽轮机一般有多个汽缸,分开布置,用管道连接。国产 300 MW 机组有三个汽缸,国产 600 MW 机组有四个汽缸。多缸汽轮机又分为单轴和双轴式两种。国外有一些 1 000 MW 级大容量机组采用这种类型。为了减小启停及变工况时的热应力,节约贵重耐热合金材料,大容量汽轮机的汽缸采用双层缸,甚至三层缸结构。

汽轮机在启停和运行时,汽缸的温度变化较大,将沿长、宽、高几个方向膨胀或收缩。为了保证汽缸能定向自由膨胀,并能保证汽缸与转子中心一致,避免因膨胀不畅产生不应有的应力及机组振动,汽缸还设置有滑销系统。

(2)喷管与隔板

多级汽轮机的第一级的喷管装在汽缸前端进汽室内,以后各级喷管装在隔板上,隔板用来隔离汽轮机的各个级。隔板分成上下两半,分别固定在上下汽缸内。

图 3.3　汽缸安装

(3)轴承

轴承是汽轮机的重要部件,可使汽轮机动、静部分之间保持正常的间隙,防止动静之间产生碰撞。汽轮机轴承分为支持轴承和推力轴承两种:支持轴承用来支持大轴,承受转子的重量,确定转子的径向位置;推力轴承用来承受作用在大轴上的轴向推力,并确定转子的轴向位置。

(4)汽封

汽封是防止动静间隙之间漏汽(漏气)的密封装置,按其安装的位置不同可分为:轴端汽封、隔板汽封以及通流部分汽封。就结构形式而言,现代电站汽轮机普遍采用曲径式(又称迷宫式)汽封,如图3.5所示。

图3.4　隔板

图3.5　汽封

3.2.2　转动部分

(1)大轴与叶轮

大轴是传递机械能的转动部件,大轴上装有叶轮,叶轮上又装有叶片,它们共同组成转子。蒸汽对叶片的作用力通过叶轮对大轴产生力矩,并使大轴旋转,如图3.6所示。

(2)叶片

叶片是汽轮机中极其重要的部件,叶片工作时承受很大的蒸汽作用力,它在汽轮机中又是数目最多的部件,它的工作对汽轮机的安全运行有重大影响。

图3.6　汽轮机转子

由于蒸汽在汽轮机中逐级膨胀,体积越来越大,因此从前到后各级叶片越来越长。大容量汽轮机由于受叶片长度的限制,低压部分均采用多缸结构,将中压缸出来的蒸汽分成几路在几个低压缸中膨胀做功,然后分别排到凝汽器中。

低压缸的数目与末级叶片长度有关。例如,200 MW汽轮机,末级用500 mm长的叶片,要两个低压缸;若用940 mm的长叶片,只要一个较大的低压缸,可以简化汽轮机结构,节省钢材,降造价。我国制造的300 MW、600 MW汽轮机,末级叶片长905 mm。

汽轮机运行中,由于过负荷、严重腐蚀等原因,均会造成叶片断裂,导致设备损坏,故应在运行中保持汽轮机运行正常,在检修中仔细清洗,检查叶片,及时处理缺陷。

(3)联轴器

联轴器是连接汽轮机各转子及发电机转子的重要部件,一般可分为刚性、半挠性和挠性三种。目前,大功率汽轮机各转子的连接普遍采用了刚性联轴器,而半挠性联轴器一般多用于汽轮机转子与发电机转子间的连接。挠性联轴器一般只用于中、小容量机组或机组主轴与主油泵的连接上。

（4）盘车装置

盘车装置的作用是在汽轮机启动冲转前或停机后,让转子以一定的转速连续转动,以保证转子均匀受热或冷却,从而避免转子产生热弯曲。此外,启动前盘车还可以检查汽轮机是否具备启动条件,如主轴弯曲度是否合格,有无动静摩擦等。也可通过盘车消除转子因长时间停置而产生的非永久性弯曲,以及驱动转子做一些现场的简易加工等。大、中型机组一般采用电动盘车装置,它们基本上都可以自动投入和切断。

图 3.7   600 MW 机组汽轮机剖面图

3.3 汽轮机的调节系统

汽轮机调节系统的作用是:根据发电量的要求调节进汽量,使所发出的功率与发电量相适应,保证供电要求,并使汽轮机在额定转速 3 000 r/min 下稳定运行,在机组发生事故时能自动报警和停机。

从电网情况来看,为了保证供电质量,就要维持合适的电压和频率,而这两个因素都同汽轮机转速有关。转速增加或降低,则供电频率和电压上升或下降,对用电设备运行是不利的。

汽轮机的调节系统经历了机械系统、液压系统、功频电液调节系统和数字电液（DEH）调节系统的发展阶段,随着计算机的广泛应用,目前大型再热机组都普遍采用了数字电液调节系统。

3.3.1 工作原理

数字电液调节系统的调节过程如下:

（1）启动阶段

机组并网之前,整个调节系统的给定信号为转速给定值;机组并网之后,给定信号为功率给定值。信号送往电液转换机构转换为液压信号控制执行机构,改变调节阀开度,从而控制机组的转速或负荷。

（2）正常运行

当机组处于稳定运行阶段，机组的转速或负荷等于给定值，调节系统不动作；当蒸汽参数如压力或温度变动或外界负荷变动时，机组的给定值与被控值不一致，调节系统将动作，直到给定值与被控值重新达到一致，机组重新处于平衡状况。

3.3.2　系统组成

数字电液调节系统主要由电子控制器、操作系统、伺服执行机构、油系统和保护系统五部分组成。可实现汽轮机自动程序控制、负荷自动调节、自动保护和机组监控四大功能。

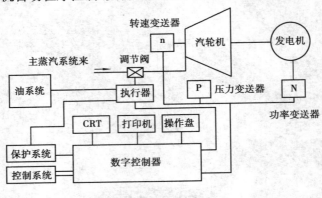

图3.8　电液调节系统

（1）电子控制器

主要作用是将转速或负荷的给定值进行逻辑运算，并发出控制蒸汽阀门伺服执行机构的输出信号。

（2）操作系统

主要设置有操作盘、显示器和打印机等，为运行人员提供运行信息、监督、人机对话和操作等服务。

（3）伺服执行机构

主要由伺服放大器、电液转换器和具有快关、隔离和逆止装置的单侧油动机组成，负责带动高压主汽阀、高压调节汽阀和中压主汽阀、中压调节汽阀。

保护系统和油系统将在下面的内容中介绍。

3.4　汽轮机的供油系统

大功率机组的供油系统既有采用低压汽轮机油（透平油）作为润滑油和氢密封油，采用高压抗燃油作为调节用油的系统，也有所有用油都采用低压汽轮机油（透平油）的系统。前者的汽轮机油和抗燃油是两个完全独立的油系统，而后者的油系统为一个。

机组的润滑油系统由主轴带动的主油泵供油，采用低压汽轮机油（透平油）。其基本功能是：为机组轴承和盘车装置提供润滑油，为机械式超速遮断及手动遮断提供安全油。系统主要由润滑油主油箱、主油泵、辅助油泵、直流事故油泵、注油器、冷油器、顶轴装置等组成,如图3.9所示。

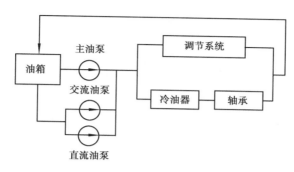

图 3.9　机组油系统示意图

正常运行时由主油泵供油,在启动和停机过程中转速较低,主油泵油压低,供油不足,必须开动辅助油泵供给足够的油。在运行中如因故障造成油压不足时,由自动装置开动辅助油泵。辅助油泵有交流电动机带动的,也有小汽轮机带动的。直流事故油泵作为交流电动油泵的事故备用,或在厂用电中断时投入。此外,为了克服汽机的启动力矩,减少轴颈对轴瓦的磨损,大容量机组还设置有顶轴装置。

3.5　汽轮机的保护系统

在大型汽轮机中,某些参数严重超标有可能酿成设备的损坏甚至毁机事故。为此,大型汽轮机都设有严密的保护措施。由于机组超速的危害最大,因此,除了超速兼有超速保护和危急遮断多重保护外,其余重要参数的严重超标,都通过危急遮断系统实行紧急停机。

3.5.1　超速保护系统

300 MW 机组超速保护系统的作用是,在转速达到一定范围时迅速关闭中压调节汽阀,或超过该范围而又在危急遮断系统动作之前,实施对高、中压调节汽阀的控制。这些措施对保证电网稳定,避免机组因停机而重新启动和减少损失,具有重要的意义。该保护是通过超速保护控制器来实现的。

3.5.2　电气危急遮断系统

汽轮机危急遮断系统是用来监督对机组安全有重大影响的某些参数,以便在这些参数超过安全限定值时,通过该系统去关闭汽轮机的全部进汽阀门,紧急停机。其危急遮断项目有:超速保护、轴向位移保护、低润滑油压和高回油温度保护、低油压保护、低真空保护等。此外,DEH 系统还提供一个可接受外部遮断信号的遥控遮断接口,以供运行人员在紧急时使用。

3.5.3　机械超速危急遮断系统

系统中对转速的保护是多重的。机械超速遮断系统是一个独立的系统,与常规液压调节系统中的超速保护基本相同,在机组超速时,通过危急保安器的机械动作而实现停机。该保护一般设有两套危急保安器,当转速为额定转速的 110% ~ 112% 时,机械遮断系统动作,使汽轮机紧急停机。机械超速保护系统的油系统,采用与润滑油注油泵相连接的油系统。该系统与电超速系统互为独立。

3.6 汽轮机的辅助设备

汽轮机的主要辅助设备包括凝汽设备(凝汽器、抽气器、凝结水泵等)、回热加热设备(低压加热器、除氧器、高压加热器)、给水泵等。

3.6.1 凝汽设备

凝汽设备的作用是将汽轮机排汽凝结成水,并在凝汽器内形成高度真空,使进入汽轮机的蒸汽能膨胀到较低的压力,提高发电厂热效率。

凝汽器内装有很多铜管(还可采用不锈钢管或钛管),管外为汽轮机排汽,管内通冷却水,汽轮机排汽被冷却水冷却后凝结成水。蒸汽凝结温度不高,一般为 30 ℃ 左右,所对应的饱和压力为 4 ~ 5 kPa,该压力大大低于大气压力,从而在凝汽器中形成高度真空。凝结水汇集于凝汽器下部的热水井中,然后由凝结水泵抽出,回收凝结水作为锅炉给水。为了维持凝汽器内的高度真空,必须用抽气器将漏入凝汽器的空气和其他气体抽走。

在运行中,若冷却水硬度过高、泥沙太多、含有杂质等时,会造成凝汽器铜管结垢、堵塞、腐蚀。凝汽器铜管结垢、堵塞时,汽轮机的真空度会随之降低,发电煤耗增高,严重时汽轮机出力也会降低。因此,对冷却水应进行必要的防垢、防腐和防污处理,并应在运行中用胶球清洗凝汽器铜管或定期停机清洗。

图 3.10 凝汽器外观

3.6.2　回热加热设备

回热加热设备由低压加热器、除氧器、高压加热器等组成。

（1）高、低压加热器

加热器由一个外壳和许多铜管或钢管所组成，凝结水在管中流过，被管外的蒸汽加热。加热器按管内的水所承受的压力分为高压和低压加热器。

（2）除氧器

由于凝汽设备和凝结水泵等都处于真空状态，难免有空气漏入凝结水中。水中的气体主要是氧，在温度较高的条件下同金属发生化学反应，使设备与管道被氧化或腐蚀。因此，凝结水在进入锅炉前，必须先经除氧器除氧。

图 3.11　除氧器外观

除氧器是由除氧塔和储水箱组成的，凝结水由上部进入，在塔中散成水滴或经喷嘴喷成雾状，被下部引入的抽汽加热。温度越高，气体在水中的溶解度越低，当水被加热到沸点时，气体的溶解度接近零。此时，原水中的氧等气体从水中逸出排入大气，水则流到储水箱，然后用给水泵送入锅炉。

图 3.12　电厂水泵

(3)给水泵

给水泵的作用是将给水送进锅炉。给水中断会使锅炉处于干烧状态,严重损坏锅炉设备。因此,对给水泵的可靠性要求很高,必须设置备用给水泵。

给水泵有电动和汽动两种。电动给水泵是由电动机拖动,运行简单、方便;汽动给水泵是由小汽轮机拖动,可节省厂用电,提高热效率。我国 300 MW 及以上机组均采用汽动泵。

复习思考题

3.1 汽轮机设备包括哪几部分?

3.2 汽轮机的工作原理是什么?

3.3 汽轮机转子和静子各由哪些部件组成?

3.4 汽轮机调节系统的作用是什么?

3.5 汽轮机油系统的作用是什么?

3.6 汽轮机有哪些辅助设备?

第 **4** 章
汽轮发电机

4.1 概 述

汽轮发电机是由汽轮机作原动机拖动转子旋转,利用电磁感应原理将机械能转换为电能的设备。汽轮发电机包括发电机本体、励磁系统和冷却系统等。

4.1.1 汽轮发电机的工作原理

图4.1为同步发电机的工作原理图。定子上有三相对称绕组,每相有相同的匝数和空间分布。转子上有磁极和励磁绕组,转子绕组外接直流励磁电源,当励磁电路接通后,转子绕组就有直流电流流动,产生磁场,形成一对磁极。定子绕组分成同样结构的三组,沿圆周间隔120°均匀布置。当原动机拖动发电机转子旋转时,磁力线将切割定子绕组的导体,根据电磁感应定律,定子绕组中将感应出交变电动势。每经过一对磁极,感应电动势就交变一周,转子转动时,转子磁场随同一起旋转。每旋转一周,磁力线顺次切割定子的每相绕组,在每相定子绕组内感生出感应电压。转子每旋转一圈,定子每相绕组感应电压的方向就随着变化一次。如果转子转速为50 r/s(即3 000 r/min),则每相绕组就感应出频率为50 Hz 的交流电。因为发电机定子上均匀地排放着三相绕组,就产生了三相交流电。

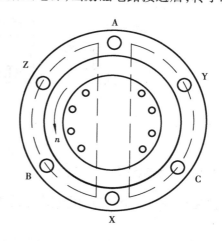

图4.1 同步发电机的工作原理

4.1.2 汽轮发电机的结构

(1)转子

转子是由整块优质合金钢制成的,它有优良的导电性能。转子上开有放置转子绕组的齿槽。转子两端装有风扇,以加强发电机的通风冷却,如图4.2所示。

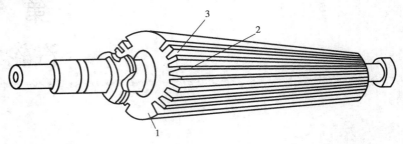

图4.2 转子本体结构
1—大齿;2—小齿;3—嵌线槽

(2)定子

定子由铁心、绕组和外壳等组成。铁心由环形的硅钢片叠压而成,其内圆开有齿槽,放置定子绕组。

(3)滑环

滑环是直流电流通入转子绕组的滑动接触元件,它与转子一起转动。

发电机结构如图4.3所示。

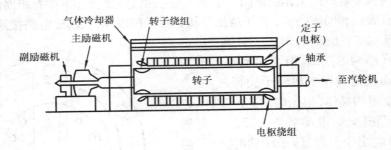

图4.3 汽轮发电机结构示意图

4.1.3 励磁设备

励磁设备的作用是为发电机转子绕组提供直流电流,形成转子磁场。励磁设备主要有以下两种:

①由一台与主发电机同轴的交流发电机产生交流电,再经过整流设备转变成直流电,作为主发电机转子的励磁。

②将发电机产生的交流电经变压器降压后,再经整流设备整流成直流电,作为发电机转子的励磁。

4.2　汽轮发电机的损耗和冷却方式

4.2.1　发电机损耗

发电机运行中存在的损耗有铜损、铁损、附加损耗和机械损耗。铜损是指直流电流通过绕组时因绕组导线电阻发热而引起的电能消耗。铁损是指因铁心中磁场变化引起铁心发热形成的损耗。为了减少铁耗，定子的铁心一般用 $0.35 \sim 0.5$ mm 的薄硅钢片叠压而成，且选用优质低损耗硅钢片。机械损耗是指因通风及轴承部分的摩擦引起的损耗。汽轮发电机的损耗值占发电机容量的 $1\% \sim 1.5\%$。

汽轮发电机的各部分功率之间的关系如图 4.4 所示。

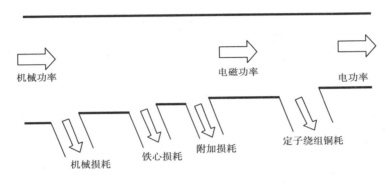

图 4.4　汽轮发电机功率流程图

4.2.2　发电机冷却方式

发电机在运行中因有损耗而发热。为了使发电机能长期安全运行，必须把发电机的温度控制在绕组绝缘允许的温度范围内。因此，需要采用适当的冷却方式，以便把发电机损耗产生的热量带走。

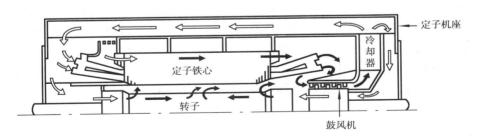

图 4.5　大容量汽轮发电机的通风系统图

发电机冷却方式是指发电机定子绕组、转子绕组和铁心通过什么方法进行冷却。发电机的冷却方式有以下几种：

（1）空气冷却

在发电机转子两端装配风扇,利用空气带走发电机内的热量。这种冷却方式结构简单,但冷却能力不高,一般用于中小型发电机。

（2）氢气冷却

利用氢气而不是用空气把热量带走。与空冷相比,其冷却能力高,通风损耗小,但结构复杂,需配备制氢设备。

（3）水冷却

用水通入发电机定子及转子绕组内,把热量带走,冷却能力高于氢冷。

现代大型汽轮发电机都是采用氢气和水对定子和转子进行直接冷却,也称内冷。

总之,无论采用哪种冷却方式,都需防止发电机长期过负荷超温运行。否则,绕组绝缘会加速老化,导致绕组烧毁。此外,还应按规定进行绝缘预防性试验,及时消除缺陷。

我国汽轮发电机产品系列如表4.1所示。

表4.1　汽轮发电机产品系列

额定功率/MW	额定电压/V	额定功率因素	冷却方式
6	6 300	0.8	空气冷却
12	6 300,10 500	0.8	空气冷却
25	6 300,10 500	0.8	空气冷却
50	10 500	0.8	氢冷,双水内冷
100	10 500	0.85	氢内冷
125	13 800	0.85	双水内冷
200	15 750	0.85	定子水内冷,转子氢内冷
300	20 000	0.85	定子水内冷,转子氢内冷
600	20 000	0.9	定子水内冷,转子氢内冷

我国在1958年试制成了世界上第一台双水内冷式12 MW汽轮发电机。1974年我国第一台300 MW双水内冷汽轮发电机投入运行。同时,氢内冷发电机也有发展。1984年试制成功了300 MW氢—水冷汽轮发电机。1986年12月由哈尔滨电机厂生产的600 MW汽轮发电机一次启动成功。这表明我国已进入世界上少数几个生产大功率发电机国家的行列。

国外汽轮发电机大多采用氢—水冷却方式,即转子采用氢内冷,定子采用水内冷。也有采用转子、定子都是氢内冷的。世界上几个主要工业国家从1960年起大量生产300 ~ 600 MW汽轮发电机组。目前最大容量的汽轮发电机已做到1 200 MW。

复习思考题

4.1　汽轮发电机的工作原理是什么?

4.2　发电机励磁设备的作用是什么?

4.3　汽轮发电机的冷却方式有哪些?

第**5**章
辅助生产系统

火电厂的辅助生产系统主要有供水、输煤、除灰、水处理、厂用电、仪表和控制等系统。

5.1 供水系统

火电厂生产过程需要使用大量的水,其中用于在凝汽器中冷却汽机排汽的用水约占95%左右。此外,还需提供各种冷却器用水、消防用水、除灰渣用水及生活用水等。供水系统的任务就是提供火电厂生产和生活用水。

常用的供水系统有直流式和循环式两种。

5.1.1 直流供水系统

在直流供水系统(如图5.1所示)中,冷却水直接自水源取入,经过凝汽器冷却排汽后再排入水源下游。当发电厂附近有流量相当大的河流或海洋作为供水水源时,可采用直流供水系统。直流供水系统的排水温度约比进水温度高10 ℃左右。循环水泵通常安装在岸边水泵房中。

直流供水系统比较简单,提供的冷却水温较低,冷却效果较好;但需从河流中取用的水量很大。凝汽器所需冷却水量一般为汽机排汽量的50～60倍。一台600 MW汽轮发电机组的冷却水量可达6万～8万t/h。我国华北、东北、西北地区的大多数河流流量都较小,难以满足大容量电厂直流式供水的需要。

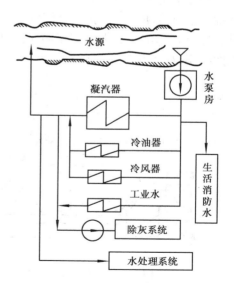

图5.1 直流供水系统

5.1.2 循环供水系统和冷却设备

在循环供水系统中,冷却水在凝汽器中吸热后进入冷却设备,将热量传给空气,使自身温度降低;水冷却后又由循环水泵再送入凝汽器中重复使用。此时,仅需从江河水源中抽取少量的水,以补充在循环过程中损失的水量。当电厂所在地区的水源不能满足直流供水的要求时,可采用循环式供水系统。

循环供水系统中的冷却水温度高于同一地区的江河水温度,冷却效果较直流供水系统有所降低,因此,凝汽器中的真空及发电效率要稍低一些。

循环供水系统中常用的冷却设备有喷水池和冷却塔两种。

(1)喷水池

需要冷却的水先进入喷水池,再经喷管喷成细水滴,依靠自然风的流动将细水滴冷却。喷水池造价低,耗用钢材很少,但闷热无风时冷却效果很差,风太大则损失水量较多。此外,喷水池占地面积较大,故只适用于小型电厂。

(2)冷却塔

冷却塔包括塔身、淋水装置及水池等(如图5.2所示)。空气从塔身下部进入,向上流动;需要冷却的水由淋水装置上部送入,向下流动,与空气进行对流换热。淋水装置是由许多木板条或石棉水泥板条组成的,其作用是增加水和空气的接触面积并延长其接触时间,以保证对流换热效果。

按照空气在塔身内流动动力的不同,冷却塔有两种形式。

1)自然通风冷却塔

依靠塔身内热空气与塔外冷空气的密度差所形成的自然抽力进行流动。为了获得足够的自然抽力,塔身往往较高,可达70~100 m;同时,为了减小流动阻力,塔身常做成双曲线型,如图5.2和图5.3所示。

图5.2　冷却塔

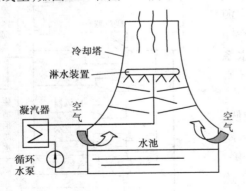

图5.3　自然通风冷却塔

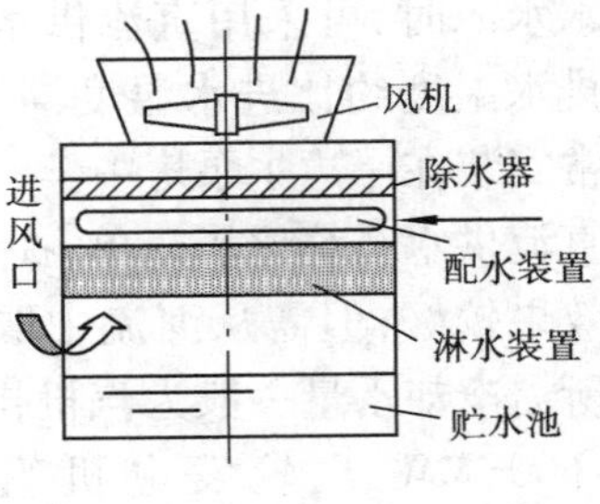

图5.4　机力通风冷却塔

2)机力通风冷却塔

在塔的上部装设风机,产生抽吸作用,使空气强制流动,如图5.4所示。由于空气强迫流动,可保持较高流速,冷却效率高,塔的体积和高度可减小,占地面积减少。但塔的高度降低可能使排出的湿空气和水分在厂区附近聚集,对环境产生不利影响。

5.1.3　空冷系统

在一些严重缺水的地区,有时连循环式供水系统所需的补充水也不能保证供应,在这种情况下,如果必须建设火电厂(如煤源十分丰富)时,可以采用空气冷却凝汽系统(或称干塔冷却系统),即利用空气代替冷却水对汽机排汽进行冷却。空冷与水冷比较,可减少发电厂补充水量的 75% ,一台 200 MW 机组每小时可节水 600 t。

最简单的空冷系统是直接空冷系统,它由排汽管、空冷凝汽器、风机和凝结水泵等组成,如图 5.5 所示。空冷凝汽器由许多并联的带翅散热片钢管作为冷却元件,由风机强制通风进行散热,汽轮机排汽直接在冷却元件内被冷却成凝结水。

为了减少汽机排汽管压力损失,空冷系统的排汽管直径很大,如美国 330 MW 直接空冷机组的排汽总管直径为 5.49 m,分管直径为 4.12 m。

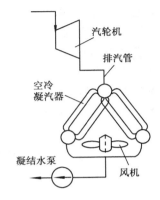

图 5.5　空冷凝汽系统

5.2　输煤系统

火电厂是消耗燃料的大用户,尤其当燃用发热量较低的煤时,每天所消耗的煤量可达数千吨至上万吨。表 5.1 给出了不同参数、不同容量的火电厂,在燃用中等发热量煤时的大致耗煤量。

表 5.1　各种容量电厂的耗煤量

电厂类型	电厂容量/MW	日耗煤量/t	年耗煤量/万 t
中温中压	100	1 400	50
高温高压	200	2 300	85
超高压	600	7 100	250
亚临界压力	1 000	12 000	420

由表 5.1 可知,火电厂的燃料供应任务是十分繁重的。为此,火电厂设有专门的燃料运输系统,主要用于受卸、储存、厂内运输和预处理燃料。燃煤电厂的燃料运输系统主要由卸煤机械与受煤装置、储煤场与煤场机械、输煤皮带、筛分破碎机等设备组成。

5.2.1　卸煤机械和受煤装置

卸煤机械用于将煤从运输工具中卸除下来,受煤装置则用于接受和转运卸下的煤。卸煤机械和受煤装置有多种类型,两者应合理配合,对其总的要求是卸煤速度快,卸煤彻底干净,不损伤运煤工具。

常用的卸煤方式有以下几种:

（1）带底开门的运煤车

运煤车厢到达卸煤地点后，底部车门自动打开，煤从开口处自动流入车厢两侧的卸煤沟内。该种卸煤方式可以多节车厢同时卸煤，卸煤的机械化程度和效率均较高，可用于大、中等容量电厂，但需采用供电厂运煤专用的底开门车。

（2）螺旋卸煤装置

它利用螺旋体的转动将煤从车厢中推出。卸煤时，将螺旋叶片插入煤中，靠螺旋叶片的旋转对煤施加推力，将煤从车厢两侧推出。与螺旋卸煤机配合的受煤装置多采用"栈台+地槽"受煤装置，煤被卸下后堆放在栈台两侧的地槽内，然后再转运到锅炉房或储煤场上。这种卸煤方式比较简单，多用于中容量电厂，如图5.6所示。

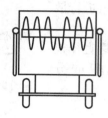 

图5.6　螺旋卸煤机和翻车机

（3）翻车机

载煤列车进入卸车线后，由重车牵引机构将车厢逐节牵引至翻车机中，借专用机构将车厢卡紧；翻车机带动车厢旋转约170°，将煤倾倒于下部受煤斗中，然后再将车厢恢复原位，然后由空车牵引机构拖出翻车机。

目前，翻车机是卸煤机械中机械化程度最高、卸煤速度最快的设备，每台卸煤能力为500～1 500 t/h，多用于大容量电厂。翻车机的外貌如图5.7所示。

图5.7　翻车机外观

与翻车机相配合的受煤装置是受煤斗，它布置于翻车机的下部，煤倒入受煤斗后，通过传送皮带将煤输送到锅炉房或储煤场上。

此外,还可采用不解列专用列车运煤。这种列车的各个车厢之间采用回转式挂钩,到电厂后不解列,各个(有时两个)车厢依次进入翻车机,在两个回转接钩之间旋转翻卸,卸完后开出电厂。

距煤矿较近的矿口电厂可采用皮带运煤,即用输煤皮带将煤直接运到电厂,不需要卸煤设备,系统较简单。

近年来,有的地方还采用管道水力输煤。先将煤在煤矿磨碎,与水混成水煤浆,用泵经长距离管道送到电厂,然后经脱水后供锅炉燃用。

5.2.2　储煤场与煤场设施

为了保证在煤的运输暂时中断时,火电厂仍能在一定时间内继续发电,以提高电能生产的可靠性,火电厂应根据距离煤矿的远近以及交通的可靠程度,储存一定数量的煤作为备用燃料。经国家铁路干线供煤的电厂,储煤场的容量应为全厂所有锅炉在最大蒸发量下15~20天的耗煤量。

煤场设施一般包括:由卸煤线、空车停放线和调车线等在内组成的共2~5 km(中等容量电厂)或10~25 km(大容量电厂)的铁路,门型抓煤机,轮斗式联合堆取煤机,悬臂皮带存煤机和其他辅助机械(如铲运机和推煤机),以及各种建筑和储煤场地等。

图5.8　轮斗式联合堆取煤机

5.2.3　输煤设备

输煤设备用于承担原煤的厂内运输任务,它把厂外来煤由受煤装置或储煤场,转运到锅炉房的原煤斗中。输煤设备主要包括皮带运输机、给煤机(从煤斗向皮带供煤)、电磁分离器、木屑分离器和计量装置等。

皮带运输机的组成和工作原理如图5.9所示。橡胶皮带张紧在两个滚筒之间,依靠皮带

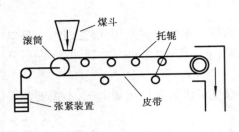

图 5.9　输煤皮带

与滚筒之间的摩擦力产生运动,使煤从皮带的一端输送至另一端。在皮带下方装有托辊以承受煤的重量。

为了保证输煤的可靠性,大型电厂一般设双路输煤皮带,每路皮带的输煤能力一般为全厂最大耗煤量的 150%。

电磁分离器利用电磁原理来清除原煤中的铁件及其他磁性物质,以确保碎煤机和输煤皮带的安全运行。

木屑分离器用于清除煤中的木屑、木片、破布、棉丝等不易磨细的杂物,以防止在输送和磨制过程中发生堵塞事故。

计量装置用于称量厂外来煤数量,以及进入锅炉房的煤量,以便进行经济核算。常用的计量装置有轨道衡和电子皮带秤等。

5.2.4　筛分破碎设备

运到发电厂的煤大多是没有经过分级处理的原煤,其中夹杂着一些大块煤及其他杂物,而磨煤机在磨煤时对原煤尺寸有一定要求(一般应不大于 30 mm)。因此,煤在进入磨煤机之前需进行破碎,故输煤系统中装有碎煤机。

为了减轻碎煤机的工作负担,使其能更有效地工作,在碎煤机前一般装有煤筛,它将小块煤分出来,并直接送往锅炉房;不能通过煤筛的大块煤才进入碎煤机,被破碎后再输送到锅炉房。

电厂输煤系统的基本工艺流程如图 5.10 所示。

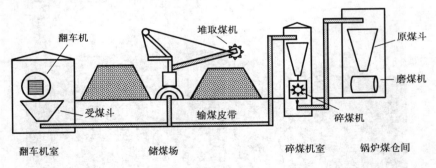

图 5.10　输煤系统基本工艺流程

5.2.5　输煤系统的集中控制和自动化

国外大容量电厂已实现了输煤系统的集中控制和自动化,一般在输煤系统的集中控制室里进行操作,就可控制卸煤和输煤系统的运行。例如,用无线电信号或气动机构控制底开门车自动卸煤,翻车机自动翻车卸煤,煤场存、取煤机械的遥控和自动化,以及锅炉上煤皮带的自动化等。无卸煤工作时不需专人值班,由电厂单元控制室值班人员遥控。

5.3　除灰系统

煤燃烧后会生成大量的灰渣。通常把锅炉炉膛下部排出的大颗粒灰称为炉渣或大灰,它一般是定期排放的;而由除尘器下部排出的细颗粒灰称为飞灰或细灰,它一般是连续排出的。

大型燃煤电厂的灰渣排放量很大。例如一座 1 000 MW 容量的电厂,燃用中等热值的煤时,每昼夜燃煤量约为 12 000 t 左右。按灰分含量为 20% 计算,每昼夜的灰渣生成量约 2 400 t。因此,排出燃烧生成的灰渣是火电厂工作中的重要任务,除灰系统是火电厂的重要辅助生产系统。

除灰系统用于排除燃烧生成的灰渣,并将其运送到电厂之外。按排除灰渣的方式不同,除灰系统可分为机械除灰、水力除灰和气力除灰三种类型。机械除灰一般用于小容量锅炉,气力除灰多用于缺水地区或飞灰需要综合利用的场合,一般发电厂多采用水力除灰方式。

5.3.1　水力除灰

图 5.11 所示为一般火电厂采用的水力除灰系统基本流程。

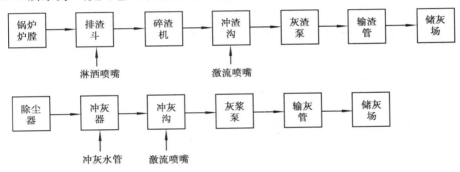

图 5.11　水力除灰系统基本流程

由锅炉炉膛排出的炉渣先落入下部的除渣斗,用淋洒喷嘴喷出的水将其浇灭并冷却;待炉渣堆积到一定数量后,打开灰渣门,并开启激流喷嘴,将渣排出并经碎渣机破碎后,进入冲渣沟中;渣沟沿途每隔一定距离设置有激流喷嘴,将渣冲至灰渣泵房,由灰渣泵升压后,经输渣管送到储灰场。

由除尘器除下的飞灰先进入冲灰器,被冲灰水排入冲灰沟,在激流喷嘴的作用下被排至灰浆泵房,由灰浆泵升压后,经输灰管送往储灰场。

炉渣和飞灰可单独设置系统排送,也可将炉渣和飞灰用同一系统排送。当电厂附近不能修建储灰场,需将灰渣送到远离电厂的地方时,先用灰渣泵将灰渣送至厂区附近的沉灰池沉淀,然后用抓灰机将沉淀的灰渣抓出,装船或用火车运走。

5.3.2　气力除灰

在缺水地区或由于综合利用的原因需要干灰时,可采用气力除灰系统,即将除尘器除下的飞灰以干态进行收集和输送。

正压及负压气力除灰系统的基本流程如图 5.12、图 5.13 所示。

上述两种气力除灰系统均需在灰的使用地点安装分离器,将灰从输送气流中分离出来。

水力除灰比较简单方便,但随着粉煤灰综合利用技术的发展,采用干式气力除灰将越来越多。目前我国火力发电厂的除灰系统大多数采用水力除灰,欧美等国家绝大部分都采用气力除灰,特别是美国,为了方便煤粉的综合利用,几乎全部采用气力除灰。

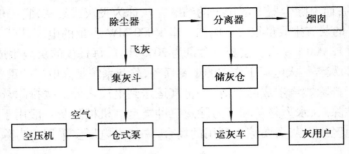

图 5.12　正压气力除灰系统基本流程

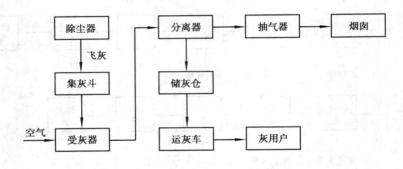

图 5.13　负压气力除灰系统基本流程

5.3.3　煤灰综合利用

对煤灰进行综合利用不仅能变废为利,还可减少储灰场占地面积和除灰费用(水力除灰费用一般为 2～5 元/t),我国不少地方已逐步开展这方面的工作。利用的途径主要是:

①做混凝土掺和料(用于大坝、桥梁、构件等);

②制砖和大型砌块;

③烧陶粒;

④做粉煤灰水泥;

⑤铺路、垫基、填坑(填海)及工业上其他用途;

⑥农业利用(改良土壤及增加肥效等)。

5.4　水处理系统

为了保证蒸汽品质,锅炉在运行中要进行排污,会损失一部分水;各种热力设备和汽水管道在运行中总有汽水泄漏和消耗,也会损失一些汽水,因此必须不断向汽水系统补充水。凝汽式电厂的补水率(补充水量占锅炉蒸发量的百分数)一般为 2%～5%,热电厂由于供热时回水损失较大,补水率可达 30%。

5.4.1　天然水中的杂质及危害

火电厂使用的水源多为江河、深井及湖泊来的天然水。水是一种溶解力很强的溶剂,能溶解大气中、地表面和地下岩层里的许多物质,还会与一些不溶于水的物质混杂在一起,使天然水中含有泥沙、有机物、胶体物等杂质,这些杂质大致可分为三类。

(1)悬浮物质

天然水中的悬浮物质主要是泥土、砂粒和动植物腐败后生成的有机物等不溶性杂质,常以 10^{-4} mm 左右的颗粒悬浮于水中,构成了天然水的浑浊度和色度。

(2)胶体物质

胶体是分子和离子的集合体,粒径在 10^{-4} mm 以下。天然水中的胶体,一类是硅、铁、铝等矿物质胶体,另一类是由动植物腐败后形成的有机胶体。

(3)溶解物质

水中溶解的物质主要是气体和矿物质的盐类,它们都以分子或离子状态存在于水中,粒径在 10^{-8} mm 以下。水中溶解的气体都以分子状态存在,能够引起锅炉腐蚀的有害气体主要是氧和二氧化碳。水中溶解的盐类都以离子状态存在,它们是由于地层中矿物质溶解而来的,主要有钠、钾、钙、镁盐等。

水中的杂质带进锅炉,会在锅炉受热管内结垢或沉积,影响传热,增加煤耗,促进腐蚀,严重时会造成爆管事故;如果蒸汽中携带有盐类物质,就会在汽轮机喷管、叶片上沉积,减小蒸汽流过的面积,影响汽机出力和效率,严重时会造成叶片断裂事故;有些气体如二氧化碳和氧,还会腐蚀受热管和其他热力设备。

因此,补充进入热力系统的水必须经过处理,其目的是除去上述各种杂质,防止热力系统内部产生腐蚀,防止热交换表面结垢和形成沉积物,维持高纯度的蒸汽品质,以保证电厂的安全和经济运行。

5.4.2　水质的主要指标

为了保证热力设备运行的安全性和经济性,必须对进入热力系统的补充水进行处理,使水中的杂质含量小于规定范围。

衡量水质好坏的主要指标有以下几种:

(1)硬度

即水中钙、镁离子的总含量。水的硬度越高,受热管结垢越快。

(2)碱度

表示水中弱酸盐类的总和。这些盐类在水溶液中都呈碱性,所以统称碱度。炉水碱度控制不当,会造成设备腐蚀、脆化和蒸汽携带盐类。

(3)含盐量

溶于水中的各种盐类的总含量。各种类型锅炉都有其含盐量的允许极限,给水或炉水含盐量超出标准,就会使蒸汽品质恶化。

(4)pH 值

常用 pH 值来表示水的酸、碱性。pH 值越小,溶液酸性越强。pH 值为 7 时,水为中性;大于 7 时,为碱性;小于 7 时,为酸性。通常保持炉水 pH 值为 8~10,使呈碱性,以防止受热管和热力设备腐蚀。

(5)耗氧量

水中有机物质能与氧化合,通常以其所消耗的氧量作为测量有机物质含量的指标。有机物质随给水进入锅炉内,可能改变垢的组成,甚至受热分解出腐蚀性物质而造成汽轮机腐蚀。

5.4.3 水处理方式

(1)补充水处理

天然水首先经过凝聚、澄清、过滤等过程,除去水中的泥沙、有机物和胶体物,成为清水(又称为生水);然后通过化学的方法,去除水中溶解的盐类物质。

化学处理是利用化学物质去除水中的溶解盐。根据处理的深度不同,可分为软化处理和除盐处理两种方式。软化处理只除去水中的钙、镁盐类,使水的硬度降低,以避免锅炉受热管形成水垢;除盐处理是利用阴、阳离子交换树脂除去水中的各种盐类,使水成为基本上不含任何盐类的纯水。

电厂补充水处理方式的选择,往往以锅炉的蒸汽参数作为主要依据。参数越高,对水质的要求也越高。中温中压锅炉可使用软化水作为补充水,并辅以降低碱度的措施,必要时才采用除盐水;高温高压以上锅炉则普遍采用除盐水作为补充水。

除盐处理系统的主要设备和基本流程如图 5.14 所示。

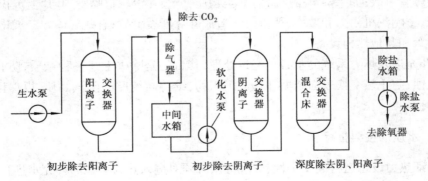

图 5.14 除盐系统原理流程图

生水先进入阳离子交换器,初步除去水中的阳离子,再进入阴离子交换器除去水中的阴离子。由于在交换过程中会分解出 CO_2 气体,故设有除气器加以排除。为了保证补充水的品质,一般还设有混合床交换器,内装阴、阳离子交换树脂,以进一步除去水中的阴、阳离子。

(2)凝结水处理

直流锅炉和亚临界参数锅炉对水质的要求特别高,而在凝汽器内又很难消除冷却水漏入凝结水的现象,因此,除补充水外,对凝结水也需进行处理,一般主要采用过滤和除盐的方法去除凝结水的杂质和盐类物质。

凝结水处理装置一般布置在凝结水泵出口处,图5.15所示为凝结水处理装置在热力系统中的布置。

(3)汽水系统的防腐

钢铁在潮湿的空气中会生锈。汽水系统中所用的钢铁金属材质,在停用中如果不进行保护,或在运行中对水质控制不当,都会发生腐蚀。为此,运行锅炉要严格控制给水中的溶解氧,一般都采用热力除氧器除氧,并辅以化学除氧(如加联胺)。锅炉启动前的化学清洗和运行炉的酸洗,都是防腐的有效措施之一。

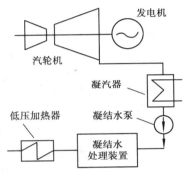

图 5.15 凝结水处理系统

凝汽器泄漏对运行锅炉的威胁也很大,往往是锅炉腐蚀的起因,必须采取有效措施尽量加以消除。

5.5 仪表和控制

为了观测和控制电厂设备的运行情况,分析和统计生产状况及各项指标,保证电厂的安全经济运行,提高劳动生产率,减轻运行人员的劳动强度,电厂内装有各种类型的测量仪表、自动调节装置及控制保护设备。

5.5.1 仪表

(1)仪表的分类

按仪表的测量对象不同,可分为热工仪表和电工仪表,分别用于测量热机设备的参数和电气设备的参数。

按仪表的功能不同,可分为指示仪表、记录式仪表和累积式仪表。

指示仪表用来指示设备的运行参数,作为运行操作的依据。例如,压力表、温度表、流量表、电压表、电流表、周率表等。

记录式仪表用来记录重要参数,分析运行情况和事故原因。例如,记录式压力表、温度表、功率表等。

累积式仪表用来计算一定时间内生产或耗用的电量、水量或油量等。例如,电度表、水表、油量计等。

按仪表的精度不同,可分为 0.2 级、0.5 级、1.5 级、2.5 级等,各级的数值代表仪表的指示误差分别为 0.2%、0.5%、1.5%、2.5%。

火电厂运行控制表盘上的仪表精度一般为 1.5～2.5 级,而在实验室内作为校验用的标准仪表的精度一般为 0.5 级。

(2) 对仪表的要求

仪表应灵敏(反应快),准确(测量误差在规定范围以内),可靠(性能稳定,使用寿命长)。为了达到上述要求,除合理选用仪表类型外,还应注意正确安装,定期检修和校验。

5.5.2　热工自动调节装置

对于大型机组,提高蒸汽参数是提高电厂效率、降低发电成本的主要途径,而能否保证电厂安全、经济地持续发电和供电,则在很大程度上取决于自动调节的质量。

热工自动调节的对象包括锅炉、汽轮机及其辅助设备和系统。火电厂一般都装有锅炉的汽包水位、汽压、汽温、炉膛负压、燃烧系统、制粉系统以及除氧器压力等自动调节装置。汽轮机的自动调节系统则主要是调速保安装置和系统。

热工自动调节装置的正常投入使用,不仅要求装置本身准确可靠,还要求被调节的主机和辅助设备均处于良好状态。因此,热工自动调节装置的利用率是衡量电厂运行管理水平的一项综合指标。一般锅炉的热工自动调节装置如能正常投入使用,锅炉热效率可提高 1%。

近年来,我国新建电厂普遍采用数字调节仪表和 DCS 控制系统。

复习思考题

5.1　火电厂有哪些主要辅助生产系统?

5.2　供水系统有哪几种类型? 分别有何特点?

5.3　火电厂的输煤系统主要由哪几部分组成? 各部分分别起什么作用?

5.4　火电厂常用的卸煤方式有哪些?

5.5　除灰系统有哪几种类型? 各有何特点? 简述水力除灰系统的基本工作流程。

5.6　火电厂为什么要对补充水进行处理? 常用的处理方法有哪些?

5.7　按仪表的功能不同可分为哪几种类型? 各有何功能?

5.8　火电厂的自动调节装置主要有哪些?

第**6**章
火力发电厂的运行

6.1 机组的启动和停运

6.1.1 机组的启动

火力发电机组的启动是指将锅炉和汽轮发电机组由静止状态转变为运行状态的过程,主要包括锅炉上水、点火、升压,蒸汽系统暖管,汽轮机冲转、升速,发电机与电力系统并列、带负荷等基本步骤。

锅炉和汽轮机启动的基本特点是:设备和部件被加热后温度逐渐升高,是一个不稳定的传热过程。由于锅炉和汽轮机的体积庞大,部件厚重,特别是高参数大容量锅炉的汽包壁很厚,汽轮机的结构复杂、精密,若启动速度太快,各个部件的温度难于均匀上升,容易因膨胀不均而发生变形、弯曲,连接部位松动,动静部分之间发生摩擦等不良后果。因此,启动过程中最重要的工作是控制机组的升温升压速度。国产 200 MW 机组从冷态开始启动的温升速度要求不大于 1 ~ 1.2 ℃/min。机组的参数越高,容量越大,启动所需的时间就越长。

采用母管制蒸汽系统的机组(锅炉与汽轮机之间通过蒸汽母管进行连接,如图 6.1 所示),一般采用定参数启动方式,即锅炉点火后将蒸汽参数逐渐升高到接近母管内蒸汽参数时,将蒸汽并入母管中(称为并炉或并汽);汽轮机则用母管中的蒸汽进行冲转、升速等启动过程。在汽轮机的启动过程中,其进口蒸汽参数基本不变,故称为定参数启动。

采用单元制蒸汽系统的机组(一台锅炉与一台汽轮机直接相连,组成一个独立工作单元,如图 6.2 所示),一般采用滑参数启动方式,即锅炉点火后当蒸汽参数达到一定值时即送往汽轮机,使汽轮机开始冲转和升速;随着锅炉蒸汽参数的升高,汽轮机转速也逐渐提高;当汽轮机带动发电机达到额定转速时,发电机可并入电力系统接带负荷;此后,随锅炉蒸汽参数继续升高,机组的负荷也逐渐增加,直至带到规定的负荷。在汽轮机的启动过程中,其进口蒸汽参数是逐渐变化的,故称为滑参数启动。

采用滑参数启动方式,可以提高锅炉和汽轮机在启动中的安全性,缩短机组启动时间,并可减少汽水损失。一台 300 MW 机组从热态开始启动时,采用定参数启动方式需 5 ~ 8 h,而采用滑参数启动方式则仅需 0.5 ~ 1 h。

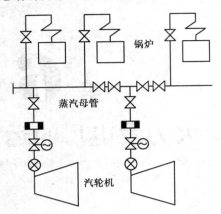

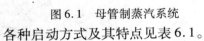

图 6.1 母管制蒸汽系统

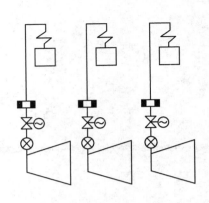

图 6.2 单元制蒸汽系统

各种启动方式及其特点见表 6.1。

表 6.1 各种启动方式及其特点

启动方式		主要特点	说 明
按蒸汽参数	定参数启动	启动过程中蒸汽参数为额定值	已较少采用
	滑参数启动	启动过程中蒸汽参数逐渐升高	普遍采用
按启动前金属温度	冷态启动	金属温度小于 200 ℃	检修后启动
	温态启动	金属温度在 200 ℃左右	停机 36 h
	热态启动	金属温度在 200 ℃左右	停机 6 ~ 8 h
	极热态启动	金属温度大于 450 ℃	停机 2 h
按冲转时进汽方式	中压缸启动	启动时中压缸进汽	启动安全,时间长
	高、中压缸启动	启动时高、中压缸同时进汽	操作简单,采用多
按冲转所用控制阀门	自动主汽门启动	启动时调速、电动汽门全开	主汽门易磨损
	调速汽门启动	启动时电动、自动主汽门全开	转速易控制
	电动门旁路启动	启动时调速、自动主汽门全开	采用多

6.1.2 机组的停运

火电机组从带负荷发电状态转变为静止状态的过程称为机组的停运,主要包括机组减负荷直至负荷为零、锅炉熄火、发电机与电力系统解列、汽轮机减速、锅炉降压冷却等步骤。

按停运的原因不同,机组停运分为正常停运和事故停运两种形式。正常停运是按电网运行计划安排的停运,如电网负荷降低需将部分机组转为备用,或对机组进行计划内的检修等。事故停运则是由于电网或电厂发生事故,继续运行会危及人身或设备安全,必须迅速停止机组的运行。

锅炉和汽轮机停运的基本特点是:设备和部件停止受加热后,温度逐渐降低,也是一个不稳定的传热过程,同样需要注意控制温度降低速度,保证设备和部件冷却均匀,防止金属部件因冷却太快而产生热应力。由于停运过程中金属部件受力的特殊性,对机组安全性方面的要求比启动时更高,对汽轮机的金属温降速度控制得更加严格。

6.2　机组的安全经济运行

6.2.1　机组的正常运行

由于电能不能大量储存,故电力生产的基本特点是生产、供应和使用必须同时进行。由于电力用户的用电量经常变化,使电网的负荷(需要供应的电量)经常变化,从而要求发电机组的出力(所生产的电量)需经常进行调节,以随时满足电网负荷的需要。

发电负荷的安排和分配通常是由电网调度人员进行,而发电量的调节则由电厂的运行人员来进行。

对于单元制机组,由于锅炉和汽轮机是一一对应的,负荷变化时锅炉和汽轮机应协调进行调节。锅炉改变燃料量和通风量使燃烧放热量变化,同时改变进水量以适应蒸汽量的变化;汽轮机改变进汽量使输出功率变化,由此带动发电机改变发电量。例如:单元机组减负荷时,汽轮机应关小调速汽门,使蒸汽流量减少,汽轮机功率减小;锅炉应减少燃料量,以降低蒸发量,维持正常的蒸汽参数;应减小给水流量,以保持正常的汽包水位;同时,锅炉的送风量和引风量也要相应减少,以维持正常的炉膛负压。

负荷调节是发电机组运行中的一项重要工作。进行负荷调节时,由于燃料量、通风量、给水量和蒸汽量的改变,锅炉和汽轮机的工作状况发生了变化,蒸汽温度、蒸汽压力、汽包水位等均要迅速进行调节,汽轮机、发电机也应加强监视。

6.2.2　机组的安全运行

火电厂生产过程复杂,主辅设备较多,任何一台设备发生事故都会不同程度地影响安全运行,甚至会造成主要设备损坏、全厂停电和人身伤亡等严重后果。为了保证电厂安全运行,特别要注意防止各种恶性事故。例如:

由于结垢、腐蚀、磨损和超温,造成锅炉受热管爆破事故;锅炉灭火后处理不当,导致炉膛爆炸事故;由于自动调节失灵,或判断操作错误,造成锅炉缺水、满水事故。

由于汽轮机调速系统和危急保安器同时失灵,造成汽轮机因严重超速而遭受破坏,甚至造成人身伤亡事故;由于长期低周率、过负荷运行或严重腐蚀等,造成汽轮机叶片断裂事故;由于油系统故障等原因,造成汽轮轴瓦烧坏或火灾事故。

由于长期过负荷、超温运行,使绝缘加速老化,造成发电机或主变压器线圈烧坏事故;由于厂用电中断,造成全厂停电事故;由于带负荷拉隔离开关等误操作,造成人身伤亡、设备损坏或停电事故。

机组因事故带来的损失是巨大的。除了直接经济损失外,还有间接经济损失。若每一度电按社会综合产值5元计算,一台300 MW机组停机一天损失3 600万元。机组若重新启动一次,仅烧油就需100 t左右。因此,任何时候都要重视机组的安全运行,特别要防止各种恶性事故的发生。

6.2.3 机组的经济运行

火力发电厂要消耗大量燃料。一座 400 MW 的高温高压电厂,如果煤耗降低 1%,每年能省煤约 15 000 t;如果厂用电降低 1%,则每年能多供电 3 000 万 kW·h 左右,这对国民经济有重大意义,因此,必须千方百计省煤节电。

(1)火电厂的主要经济指标

1)供电标准煤耗率

发电厂每向外供应 1 kW·h 电能所消耗的标准煤数量,单位为克/千瓦时(g/kW·h)。

一般地说,火电厂的蒸汽参数越高,标准煤耗率越低。热电厂由于热量利用程度高,其标准煤耗率低于凝汽式电厂。我国火电厂的平均标准煤耗率为 412 g/kW·h 左右。俄罗斯火电厂的平均煤耗为 327 g/kW·h,是世界上最低的,其原因除采用高参数机组较多外,主要是热电厂的比重较大。

2)厂用电率

发电厂本身消耗的电量占发电量的百分数。

我国火电厂平均厂用电率为 7.5% 左右。日本最低,仅 4.7%。其原因除辅机效率较高外,还有烧油电厂的比重较大(燃油电厂所需辅机较少)。

(2)降低煤耗率的主要措施

为了降低煤耗率,一方面应加强设备检修管理,提高设备的可用率;另一方面应加强运行操作管理,注意控制运行指标在规定范围内。某 500 MW 机组的主要运行指标变化使煤耗率发生变化的数值(常称为小指标)如表 6.2 所示。此外,还应搞好厂内经济调度,应通过热力试验掌握全厂汽机锅炉等主要设备的经济特性,并在运行中根据它们的特性分配负荷,避免不必要的开停机。

(3)降低厂用电率的主要措施

搞好辅机的经济调度,如优先使用效率较高的辅机,并在负荷变化时合理调整运行辅机的台数。加强磨损较快的辅机(如磨煤机、引风机、排粉风机和灰渣泵等)的检修和备品供应。改造效率较低的辅机,例如老式送风机、引风机的效率一般仅为 60% 左右,改造后可达 80% 以上。改造或更换富裕容量过大的辅机或电动机,消除大马拉小车的现象。

表 6.2　某 500 MW 机组的运行小指标

运行指标	正常值	变化值	煤耗增加
主蒸汽压力	设计值	下降 0.1 MPa	0.15 g/kW·h
主蒸汽温度	设计值	降低 1 ℃	0.065 g/kW·h
凝汽器真空	94%～96%	降低 1 kPa	2.8 g/kW·h
给水温度	设计值	降低 1 ℃	0.14 g/kW·h
高压加热器	三台	解列	13.1 g/kW·h
补水率	4% 以下	增加 1%	1.2～4 g/kW·h
厂用电率	6% 左右	增加 1%	3.7 g/kW·h
锅炉排烟温度	120～150 ℃	每升高 1 ℃	0.2 g/kW·h
飞灰含碳量	15% 左右	增加 1%	2.2 g/kW·h

6.3　计算机控制技术

随着发电机组容量的增加和生产过程的复杂化,采取计算机控制已是必不可少的手段。在现代大型火电厂中,已普遍采用以计算机为核心的安全监控和自动控制技术。火电厂热控专业已成为电站技术进步最快的专业之一,火电厂控制系统已进入了数字化时代。

6.3.1　火电厂控制系统作用

大型火力发电机组的特点是:监视点多,600 MW 机组 I/O 点多达 3 000～5 000 个,随着电气部分监视纳入分散控制系统之后,I/O 点已超过 7 000 个,参数变化速度快和控制对象数量大,600 MW 机组超过 1 300 个,而各控制对象又相互关联,所以操作稍有失误,引起的后果十分严重。

传统的炉、机、电分别监控方式已不能适应大型单元机组监控的要求。如果将大机组的监视与控制操作任务仅交给运行人员去完成,不仅体力和脑力劳动强度大,而且很难做到及时调整和避免人为的操作失误,因此,必须由高度计算机化的机组集控取而代之。大量事实证明,自动化技术对于提高机组的安全经济运行水平是行之有效的,大型火力发电机组离开了高度自动化,就不能做到安全经济运行。

发电厂控制水平变化情况如表 6.3 所示。

表 6.3　发电厂控制水平的变化

项　目	引进机组(300 MW)	国产引进型(300 MW)	目前国产引进型(300 MW)
电厂	石横电厂	吴径电厂	深圳西部电厂
投运时间	1986 年	1991 年	1996 年
记录仪表	几十台	约 20 台	小于 10 台
指示仪表	几百支	约 100 支	小于 10 支
启、停操作	现场配合集控操作	分组启、停	机组局部自启、停
正常操作	手动操作,屏幕监视	分系统屏幕操作	一人为主键盘操作
事故处理	屏幕报警	追忆打印,事故记录程序保护,屏幕报警	追忆打印,事故记录,操作提示,程序保护,屏幕报警

随着机组容量的增大和参数的提高,对于机组安全经济运行的要求不断提高,火电厂的自动化水平也不断得到提高,从传统的炉、机、电分别人工监控发展到今天的单元机组集控,自动化系统的功能也已从单台辅机和局部热力系统发展到整个单元机组的检测与控制。而随着整个单元机组自动化的不断完善以及电网发展的需要,火电厂自动化系统必然会和自动调度系统相协调,满足火电厂的现代化和信息化管理的要求。

自动化系统毕竟只能按照人们预先制定的规律进行工作,而机组运行过程中的情况却是复杂的、随机的,因此,自动化系统在一般情况下虽不需要人工干预,但在特定情况下却要求人工给予提示或协调。无人值班的火电厂或火电机组虽经尝试,却至今未获成功,即高度自动化的火力发电机组并非不需要人工的干预,而是需要人的更高层次的干预。由此可见,自动化水平高的机组,要求运行人员也具有更高的专业技术水平。

6.3.2 火电厂控制技术发展

火力发电厂自动化的内容主要包括:自动检测、自动控制、自动保护、自动监视、自动化管理。早期的火力发电机组自动化水平很低,控制与监视以就地方式为主,炉、机、电主设备分别设置控制仪表盘,由各自的运行人员就地监视和操作。

进入 20 世纪 70 年代以来,微机的问世,推进了计算机工业应用的步伐。1975 年,美国推出了分散控制系统(DCS),成为基于"4C"技术即 Computer、Communication、Control、CRT 的新一代计算机控制系统。DCS 把先进的计算机技术、数据通信技术、控制技术与 CRT 显示技术溶于一体,采用了分散式结构和"危险分散"的原则,使系统具备强有力的功能、极大的灵活性和很高的可靠性。

图 6.3 火电厂集控运行

从 20 世纪 80 年代中期开始,我国电力行业引进和应用 DCS。到目前为止,不仅新建大型火力发电机组无一例外的采用 DCS,125 MW 以上容量的所谓"老机组",大多也进行了 DCS 技术改造。

计算机控制技术在火电厂中的应用主要表现在两个方面:一是分散控制系统(DCS),二是仿真培训。

6.3.3 分散控制系统

DCS 经历了几个阶段的发展,已日臻完善和成熟。目前,DCS 的控制器处理能力,网络通信能力,以及软件功能(系统软件、控制软件、数据软件等)得到了大幅度的提高和更新。

典型分散控制系统结构如图 6.4 所示。

该系统是 20 世纪 90 年代早期推出的基于过程控制和企业管理为一体的新一代分散控制

系统。通过冗余的数据高速公路,周期性广播实时信息以及各种计算中间量,网络通讯速率为 100 Mbit/s,每秒钟可传输多达 640 000 个过程点。此外,还配置另一路 10 Mbit/s 通讯速率的信息通讯网络,传输各种文件型的数据以及管理信息,可以很方便地与其他系统连接。

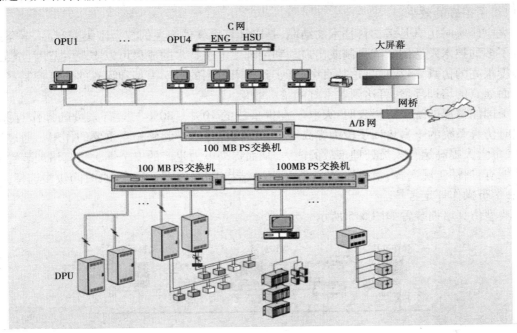

图6.4 分散控制系统结构

分散控制系统的通讯网络传递着各种过程变量控制、报警、报告等各种信息,使其成为分布式控制系统的主要枢纽。在容错的基础上采取冗余技术,二条环型高速公路互为冗余配置,无主、副之分,同时工作,无网络切换。冗余、容错的环网结构在体现网络先进性的同时,大大增加了网络的可靠性。

分散控制系统的控制器物理位置分散、功能分散,显示操作、记录和管理集中。

(1) 过程控制单元 OPU(Operate Processing Unit)

直接执行过程对象控制的单元,构成过程控制单元的 DPU、I/O 等放置在控制机柜中。

(2) 分布式处理单元 DPU(Date Processing Unit)

实现各种先进的控制策略,完成数据采集、模拟调节、顺序控制、高级控制、专家系统以及其他不同用户的特殊功能要求。

(3) MMI 站(Man Machine Interface)

采用高性能的 PC 工作站或 PC 服务器,可以使用户直接和实时地获得生产过程的运行数据,安全有效地进行整个过程的控制和管理。为过程监视、控制、诊断、维护、优化管理等各个方面的要求提供强有力的支持和运行界面,成为过程管理的窗口。

MMI 站一般分为:操作员站、工程师站、历史数据站、性能计算站和网关接口。

操作员站和工程师站是系统最基本的人机接口站。

6.3.4 火电厂仿真培训

计算机控制技术不仅用于电厂的生产运行,也大规模地应用于运行人员培训。

由于火电机组向大容量、高参数、集中控制方向发展,技术日益复杂,对安全、经济运行的要求越来越高,对运行人员提出了更高的要求。沿用旧的培训方法已无法满足培训大机组运行人员的要求,目前国内外普遍采用实时仿真系统来培训新的运行人员和轮训及考核在职人员,取得了很好的效果。

火电厂实时仿真是多学科技术的结晶,是以计算机软件为主的智力密集型产品,至今只有为数不多的技术发达国家能自制或出口。利用现代电子技术的成果可以实现大范围、全工况、精确度很高的仿真,事故项目达数百个,真实到极限范围的数学模型和逼真的仿真控制室。提供全面逼真的培训环境,可达到非常好的培训效果。

美国能源部的统计资料表明:火电厂发生事故的70% ~80%与运行人员的操作有关,电站实时仿真系统的丰富培训手段为提高运行人员的操作水平起到相当重要的作用。通过反复训练,可大大提高运行人员处理事故的能力,从而提高电力生产的安全性。仿真培训装置的主要功能有:启动工况选择;事故注入;运行工况冻结和追忆;改变运行参数;时间快慢选择;事故打印;学员操作评定考核。

典型仿真培训装置如图6.5所示。

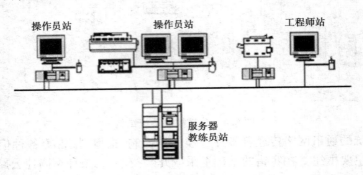

图6.5 仿真装置系统配置

(1)工程师站

仿真机中的工程师站是建模工程师用于开发、维护仿真机的主要平台。支撑软件提供的所有功能都是通过工程师站和教练员站来实现的。工程师站提供如下功能:模型的建立,修改,删除;模型的在线运行,调试;动态参数监视;参数曲线显示;子模型的自动拼接;模块调试。

(2)教练员站

教练员站是仿真机能够有效实现其培训功能的重要设备。通过教练员站可以控制仿真机的启、停;选择对学员的培训项目;监视学员的操作过程;评价学员成绩等。教练员站有如下主要功能:模型冻结、运行;初始工况选择;回退;故障及远方操作;假报警,超控;参数、曲线监视;教练员活动记录;学员成绩评价。

(3)操作员站

仿真机操作员站提供与系统操作员站同样的人机界面和接口,具有与系统操作员站相同的功能。

仿真机所配操作键盘、鼠标等设备与现场集控室完全一致,可以互换使用,仿真机所配工程师站、操作员站软件和实际机组完全相同,仿真培训环境接近生产现场,仿真机所配服务器操作员站软件几乎为实际DCS系统的复制品,不但可以保证和生产实际现场环境完全1:1的功能,而且不需专门的设备维护人员。

复习思考题

6.1　发电厂主要辅助生产系统有哪些?

6.2　供水系统有哪几类类型? 如何选择?

6.3　输煤系统由哪几部分组成?

6.4　除灰系统有哪几种类型? 各有何特点?

6.5　为什么要进行水处理?

6.6　测量仪表分为哪几种类型?

6.7　什么叫分散控制系统? 有哪些特点?

6.8　仿真培训装置有何作用?

水电篇

第 **7** 章

概 述

7.1 水电站的特点

与其他发电方式比较,水力发电有以下特点:

7.1.1 水能是可再生的经济清洁的能源

江河水流川流不息,经过支、干流汇流入海后,在海洋内受太阳辐射而蒸发成水气,被大气吹向大陆形成雨雪降至地面,又流入江河。水电站就是利用这循环不息的水能发电。与火电站相比,可以节省大量的煤、石油或天然气等燃料资源,运行成本低,而且没有污染。

7.1.2　水电站机组启动快,宜于担任峰荷及备用

水电机组从静止状态启动到负荷运行,正常情况下只要 1～5 min。事故情况下还可缩短到 1 min 左右,而火电机组需要数小时。故水电机组能适应负荷的急剧变化,宜于承担系统的峰荷及备用,而高温高压大型火电机组适宜于承担稳定的基荷,两者可以互相配合。

三峡的机组从启动直到满负荷,还不到 1 min。这次美加大停电,从最先发生事故开始,到全电网大崩溃经过一个多小时。大事故原因很多,其中一条原因就是电网没有备用容量或明显不足。

7.1.3　水力发电受自然条件影响大

河流中的天然流量,随着各个时期的降水量而变化。

我国河流夏秋季节流量较大,冬春季节流量较小。利用天然径流发电,丰水期发电多而枯水期发电少,发电不均衡是水力发电的一个缺点。

利用水库调节流量,将丰水期多余水量蓄存起来,补充枯水期的不足,缩小洪水期和枯水期发电量的差别,可以较好地克服这一缺点。

7.1.4　水电站建设投资较大

水电站的土建工程规模大,需投入的人力、物力、财力较多,同时工期较长。

在河流中下游修建水库时,往往会淹没大量农田、房屋和其他设施,造成较大的淹没损失。

7.2　我国的水能资源

在河川水流中,往往蕴藏着巨大的能量,这是一种可供人类利用的廉价能源,称为水能资源或水力资源。人们在河流修建电站,通过水轮机把水能变为机械能,再通过水轮发电机把机械能转换成电能,供人们利用,这种电站就是水电站。

我国是一个水能资源非常丰富的国家。其中可开发的资源为 3.8 亿 kW,占全世界可开发水能总量的 16.7%,居世界第一。到 2000 年水电装机已达到 7 500 万 kW,占电力总装机比重的 24%。预计到 2005 年水电装机将达到 9 500 万 kW,到 2015 年达到 15 000 万 kW,占电力总装机的比重为 28%,届时水能资源开发程度将达 40%。为此,将尽最大的努力增加对水电的投入,加快水利电力的开发,降低燃煤发电的比重。

我国各水系可能开发水能资源见表 7.1。

表 7.1　全国各水系可开发水能资源统计表

编　号	水　　系	装机容量/万 kW	年发电量/亿 kW·h	占全国百分比/%
1	全国	37 853.24	19 233.04	100
2	长江	19 724.33	10 274.98	53.4
3	黄河	2 800.39	1 169.91	6.1

续表

编号	水 系	装机容量 /万 kW	年发电量 /亿 kW·h	占全国百分比 /%
4	珠江	2 485.02	1 124.78	5.8
5	海、滦河	213.48	51.68	0.3
6	淮河	66.01	18.94	0.1
7	东北诸河	1 370.75	439.42	2.3
8	东南沿海诸河	1 389.68	547.41	2.9
9	西南诸河	3 768.41	2 098.68	10.9
10	雅鲁藏布江及西藏其他河流	5 038.23	2 968.58	15.4
11	北方内陆及新疆诸河	996.94	538.66	2.8

全国各地区可开发水能资源见表7.2。

表 7.2　全国各地区可开发水能资源

地　区	装机容量 /万 kW	年发电量 /亿 kW·h	占全国百分比 /%
全国	37 853.24	19 233.04	100
华北地区	691.98	232.25	1.2
东北地区	1 199.45	383.91	2.0
华东地区	1 790.22	687.94	3.6
中南地区	6 743.49	2 973.65	15.5
西南地区	23 234.33	13 050.36	67.8
西北地区	4 193.77	1 904.93	9.9

我国水能资源开发利用方面具有以下特点：

①我国水能资源在地区的分布上是很不均匀的,但与其他能源配合开发却极为有利。例如,我国西南地区缺煤和石油,但水能资源却十分丰富,占全国水能资源的三分之二。

②我国可开发水能资源中,不少水电站站址水量丰富,地质地形条件好,宜于修建大型水电站。据统计250 MW 以上的大型水电站站址就有293座,其中2 000 MW 以上的特大型水电站站址有33座,而且大部分集中在西南地区。

③我国河流主要靠降水补给,一年中水量变化大。一般夏秋季降水占全年的60% ~70% 。开发水能资源除发电外,往往具有灌溉、防洪、航运等综合效益;

④我国水能资源集中的西南、西北、中南地区,往往是交通不便,受地震影响大的边远山区,这给水电站的设计、施工带来许多困难。

⑤与世界一些国家不同,受径流和河流分布影响,我国水电品质相对较差,表现在丰枯季节发电出力差别较大,距离用电中心较为遥远,调节性能较差等方面。特别是水电比重大的电网,来水情况严重影响电力供需平衡。

7.3 水电站主要类型

7.3.1 基本原理

水力发电是利用江河水流在高处与低处存在的位能差进行发电的。它的基本生产过程是:从河流较高处或水库内引水,利用水的压力或流速冲动水轮机旋转,把水能转变成机械能,通过水轮机的水流沿特设的输水道流到河流下游。水轮机再带动发电机旋转,把机械能变成电能,然后经升压变压器和送、配电线路将电流送到负荷中心,降压后供给工农业和居民用电。

构成水能的基本条件是水流的流量和落差。流量和落差越大,水力发电机组的发电功率越大。

7.3.2 主要类型

(1)坝式水电站

天然河道中水流的落差是分散的,要通过相当长的一段河道才能形成较大的落差,水力发电需要把落差集中起来,这就需要采取一定的工程措施。

坝式水电站的特点是在河道上修建拦河坝抬高上游水位以集中落差。这种形式的水电站大都修建在流量大、坡降小的河道上、中游。好处是除集中落差外,还可以形成水库调节流量;缺点是可能造成较大的淹没损失。

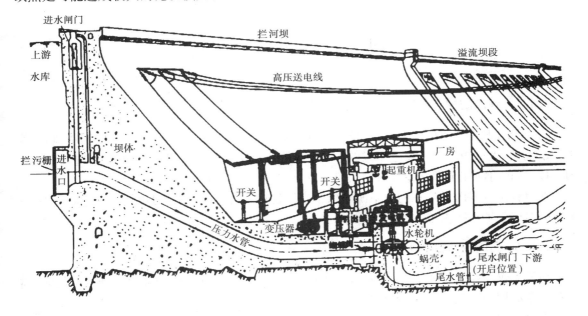

图 7.1 坝式水电站

我国目前已经成为世界上水坝最多的国家,其中大型水坝占全世界总数的45%。在连续几十年的能源开发后,我国境内只有怒江和雅鲁藏布江江水能够自由奔腾而下,不受大坝阻挡。

（2）抽水蓄能电站

这种电站有上游和下游两个水库（也称为上池和下池）。两库水面之间形成落差。电站厂房内装水泵水轮机组，它可以利用电力抽水，也可以利用水力发电。在电力系统电力有剩余时，利用电力系统中多余的电能将下库的水抽送到上库，以水的势能蓄存起来；当系统电力不足时，再由上库放水发电，这样可以起到调峰作用。

图 7.2　抽水蓄能电站

（3）潮汐水电站

潮汐水电站是利用海洋的潮汐落差发电。在海湾口门处筑坝，将海湾与外海隔开。涨潮时水位外高内低，落潮时水位内高外低，都可利用内外水位的落差发电。

7.4　水电站的开发原则

7.4.1　河流的梯级开发

为了充分利用河流的水能资源，把一条河流划分成几段，落差分段集中，分段利用，修成若干个水电站，上一级水电站发电用过的水又流入下一级水电站取水口继续引用，水电站水位互相衔接，这种将河流全部落差分级利用的开发方式，称为梯级开发。

河流梯级开发时最好在河流上游水电站中修建较大的水库，调节河川径流。这对于中、下游各级水电站的均衡发电，会有很大益处。

7.4.2　河流的综合利用

河流不仅蕴藏了水能资源，也具有其他水利资源，如灌溉、航运、渔业等。开发水能时，需要结合全流域的干支流、上下游同时考虑防洪、灌溉、航运、给水、渔业等，并结合环保要求，全面规划，综合利用。

综合利用各部门有不同要求：防洪要求建水库拦蓄洪水；灌溉要求径流调节，增加灌溉季节用水，发电、航运、工业和居民给水都要求丰水期蓄水，补充增加枯水期流量。为发电修水库时，就要综合考虑各方面的效益，一水多用，进行综合利用。但各用水部门的具体要求又有所不同,有时还互相矛盾。这时,必须从全局出发,分清主次,综合考虑,使总的投资最少,而总的效益最大。

　　正在修建的三峡水利枢纽就是一个具有巨大综合利用的宏伟工程。它的水库库容 393 亿 m^3,其中有效库容 221.5 亿 m^3 可用于防洪。

复习思考题

7.1　什么是水能资源? 为什么说我国是水能资源非常丰富的国家?

7.2　我国的水能资源有什么特点?

7.3　水力发电的特点是什么?

7.4　修建抽水蓄能电站有什么作用?

7.5　什么是河流综合利用原则?

第 **8** 章
水工建筑物

8.1 水工建筑物的分类

水电站的水工建筑物按作用不同可以分为以下几类：

(1)挡水建筑物

挡水建筑物的作用是拦断河道,抬高水位,形成水库,如拦河坝、水闸等。

(2)泄水建筑物

泄水建筑物的作用是排泄超过需要的洪水,以保证拦河坝的安全。

此外,还可以在维修大坝或其他需要时放空水库,如溢洪道、泄水隧洞等,而溢流坝和水闸则兼有挡水和泄水两种功能。

(3)引水及尾水建筑物

用于引水供发电用并泄放发电后的尾水,如进水口、引水明渠、引水隧洞、调压井、高压管道、尾水渠等。

(4)水电站厂房

这是水电站的核心,用于安置水轮发电机组、辅助设备、控制设备等,把水能变为电能并输送出去。

水电站厂房包括主厂房、副厂房、开关站等。

(5)其他水工建筑物

如通航用的船闸、升船机室,过鱼用的鱼道,灌溉用的放水孔等。

一座水电站往往包括好几种水工建筑物,这种水工建筑物的综合体称为水利枢纽。图8.1是三峡水利枢纽的示意图。

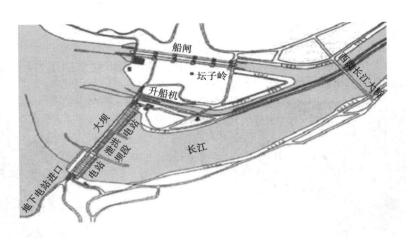

图 8.1　三峡水利枢纽布置图

8.2　挡水建筑物

水电站的挡水建筑物包括拦河坝和水闸两种。坝的种类很多,按筑坝材料不同,可分为土石坝、砌石坝、混凝土坝、钢筋混凝土坝等,砌石坝和混凝土坝按受力和结构特点又可分为重力坝、拱坝、支墩坝等。

8.2.1　重力坝

重力坝是依靠本身的重量防止坝滑动和倾倒以维持稳定的。常见的是混凝土重力坝,较小的坝也可用石料砌成。为了抵抗水压力,坝体剖面常做成三角形。混凝土重力坝常筑在岩石基础上,低坝也可筑在土或砂石地基上。为了防止水沿坝基渗透,在坝下岩基中进行水泥灌浆以形成防渗帷幕。

图 8.2　混凝土重力坝

8.2.2 拱坝

拱坝在平面上呈拱形,凸向上游,如图 8.3 所示。拱形可以使水的压力经过拱的作用传到两岸岩基上,利用两岸拱座支撑坝体,保持坝体稳定。

图 8.3 拱坝

拱坝的分类方法很多。拱坝挡水面垂直方向为直线的称为单拱坝;挡水面垂直方向为曲线的称为双曲拱坝。

拱坝的特点是断面小,工程量省,但只能修建在地质条件较好的狭窄河道中,且施工复杂。

8.2.3 支墩坝

支墩坝由支墩及挡水盖板组成。水压力由盖板传给支墩,再由支墩传给地基。

图 8.4 支墩坝

8.2.4 土石坝

土石坝采用土料或散粒石料筑成,一般为梯形,边坡很缓,靠自重维持稳定。土石坝通常采用分层碾压法修筑,称为碾压式土石坝。

土石坝可以充分利用当地材料,对地基要求不高,所以近年来使用愈来愈广,但体积较大,且一般不能通过坝身泄洪,需在河岸另修泄洪建筑物。

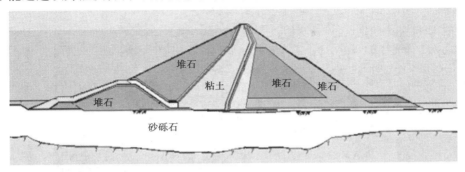

图 8.5　土石坝

8.3　泄水建筑物

泄水建筑物的作用主要是下泄多余的洪水,此外也可用来放空水库和为下游其他用水部门放水。

8.3.1　溢流坝

溢流坝既有挡水功能又有泄水功能,它是结合坝体表面建筑的一种泄洪建筑物,如图 8.6 所示。通常在溢流坝坝顶设置溢流口及控制闸门,坝的下游面做成水流流线的形状。泄水时,水流经溢流口沿溢流面流向下游。

图 8.6　溢流坝水电站

8.3.2　坝身泄洪孔

在混凝土坝中,亦可在坝体内设泄洪孔泄放洪水。设在坝体中部的称为中孔;设在坝体下部的称为底孔。图 8.7 是坝身泄水孔布置图,图 8.8 是大坝泄水示意图。

8.3.3　河岸溢洪道

当坝身不宜设泄水建筑物时,可在大坝附近岸边修建河岸溢洪道。

图 8.7　泄水孔

图 8.8　大坝泄水

8.3.4　泄洪隧洞

当坝体不宜设泄水建筑物而河道较陡岩石较好时,也可修建隧洞泄洪。这种隧洞称为泄洪隧洞。

8.3.5　泄水闸

泄水闸是水闸的一种。它的作用是泄放洪水,由于设有闸门,也可起一定的挡水作用。

8.4　引水建筑物

8.4.1　坝身引水式

坝后式水电站常用这种引水方式。它由挡污栅、排污设备、检修闸门、工作闸门和埋设于坝体内的压力管道组成。挡污栅的作用是防止污物进入水轮机,挡污栅前的污物由排污设备清除;工作闸门的作用是当检修压力管道或水轮机时关闭进水口;检修闸门的作用是检修工作闸门时挡水。

8.4.2 隧洞引水式

这种引水道进口做成喇叭形,闸门和启闭设备设在闸门井和闸门室中,水流通过压力隧洞输送。隧洞分两段:前段坡度较缓,承受水压力不大;后段是竖井或斜井,水压力增加较多,称为高压隧洞。在高压隧洞前常设调压室,当水电站开机或突然丢弃负荷或负荷变化大时,调压室可以减少隧洞水压力并避免出现真空。

8.4.3 明渠引水式

这种引水道由进水闸、沉沙池、引水明渠、前池和压力钢管组成。进水闸中设拦污栅和闸门,作用是进水、控制流量和拦污。沉沙池沉淀水中的泥沙。引水渠一般是沿山开挖的明渠,遇有较陡的山坡时,也可修建无压隧洞。前池的作用是向压力水管分流,并稳定水位。压力水管坡度较陡,设在镇墩与支墩上,把水直接引进厂房。

8.5 水电站厂房

水电站厂区是水电站的核心部分,它包括主厂房、副厂房、升压站和开关站等。主厂房是厂区的主体,主要用于安设水轮发电机组及其辅助设备,并有机组安装、检修用的安装间。副厂房由主控制室、辅助车间和生产办公室等组成。升压站的任务是把发电机电压升高,再通过开关站与输电线路连接。本节只介绍水电站的主厂房。

水电站厂房又分为地面式水电站厂房和地下式水电站厂房两种。

8.5.1 地下式水电站厂房

当河道狭窄,两岸陡峻,不便布置地面厂房时,可把厂房修在地下洞室中,称为地下厂房。采用这种厂房还可减少厂房枢纽其他建筑物布置的矛盾,施工及运行少受气候影响。地下厂房是一个大型洞室群组,我国西南地区采用较多。

8.5.2 地面式水电站厂房

主厂房分水下和水上两大部分,习惯上把发电机层楼面以上称为厂房水上部分,发电机层楼面以下称为厂房水下部分。厂房水上部分包括屋面、墙体、门窗、排架、吊车梁等,用于放置电气设备和安装、检修设备。水下部分包括楼板梁柱、发电机墩、水轮机蜗壳、尾水管等部分,是放置水轮发电机组及水轮机辅助设备的场所。

图8.9　地下厂房

复习思考题

8.1　水电站水工建筑物分为哪几类？

8.2　各类水工建筑包括哪些建筑物？

8.3　水力发电的基本工作原理是什么？

8.4　水电站主厂房有哪几种？各适用于什么条件？

第 **9** 章

水轮发电机组

水轮发电机组是把水能转变成电能的机械,由水轮机和发电机组成。水流流过水轮机时,把能量转变成水轮机转动的机械能,通过水轮机主轴传给与之连接的发电机主轴带动发电机转动而发出电能。

9.1 水 轮 机

水轮机是把水流的能量转变成旋转机械能的机器。当水流通过水轮机时,水流速度的大小和方向受叶片形状的约束力而发生改变,与此同时,水流给叶片以反作用力使其转动,即可带动发电机转动而发电。

9.1.1 水轮机的类型

现代水轮机有两大类:一类是利用水流的动能和势能工作,称为反击式水轮机,另一类是只利用水流的动能工作,称为冲击式水轮机。根据水流在转轮中流动的方向不同,反击式和冲击式水轮机又可以分成混流式、轴流式和水斗式三种。

9.1.2 水轮机的工作参数

水轮机只有利用了水流的能量才能做功。表示水流能量的参数是水头和流量。此外,表示水轮机工作特征的参数还有水轮机的出力、转速、效率等。

(1)水轮机的工作水头

水头就是某河段上游与下游之间的水位之差。如果在河床上筑坝拦水,就是人为地加大上、下游水位差。当然,坝前与坝后形成的水头不能全部被水轮机利用,能被水轮机利用的水头只能是水轮机进口与尾水管出口两断面之间水流的能量差。

(2)水轮机的流量

水轮机的流量是指每秒钟通过水轮机的水流体积。

(3)水轮机的出力

水轮机的出力是指水轮机单位时间内所做的功。

（4）水轮机的转速

水轮机每分钟旋转的圈数。大、中型水轮机和发电机的主轴连在一起，二者同步转动，因此，为了满足电流频率50 Hz的要求，转速应当是标准同步转速，标准同步转速取决于发电机的磁极对数。

水轮机的工作水头、流量、出力、效率、转速称为水轮机的工作参数。

9.1.3　水轮机的组成部件

（1）反击式水轮机的组成部件

反击式水轮机主要由引水部件（蜗壳）、导水部件（导叶）、工作部件（水轮机的转轮）和泄水部件（尾水管）四部分组成。

1）引水部件

蜗壳的作用是保证使水流能均匀地流入导水机构和转轮，以提高水轮机运行的稳定性，并能减少水流能量的损失，提高效率。有了蜗壳还能把转轮淹没在水中而不与大气接触，以便利用水流的压力能。蜗壳分金属圆断面蜗壳和混凝土梯形断面蜗壳两种。水头在50 m以上的大、中型水轮机采用金属材料制成的蜗壳，其断面为圆形，平面为蜗牛状。

如图9.1为水轮发电机纵剖面图，主要部件有发电机与水轮机主轴、蜗壳、导叶、工作轮和尾水管等。

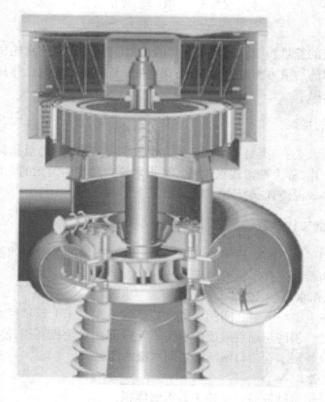

图9.1　水轮发电机纵剖面图

2）导水部件

导水部件的导叶布置在引水室的内圈。由一定数量（一般是 16 片、24 片或 32 片）的导叶均匀排列成圆圈。导叶断面形状是流线型，导叶由上下两段轴分别支撑在盖和底环的轴承上。导叶的开启和关闭是靠导叶传动机构实现的。

导水部件的作用是引导水流均匀对称地进入水轮机转轮，提供转轮所需要的环流，根据外界负荷的变化调节进入水轮机的流量，短时间停机时，关闭导叶可以截断水流。

3）工作部件

反击式水轮机的转轮位于水轮机的中心，布置在导水叶内圈，水流从导叶流出后直接流进转轮。混流式水轮机的转轮如图 9.2 所示，叶片是最重要的部件，水流过叶片间的通道时，其能量是通过水流与叶片的相互作用转变成转轮旋转机械能的。

图 9.2　混流式水轮机转轮

图 9.3　轴流式水轮机转轮

混流式水轮机适用范围很宽，水头可在 40～600 m，单机出力由几 MW 至几百 MW 不等，国外已投产运行的混流式水轮机单机出力达 700 MW（美国的大苦力三厂和南美洲由巴西和巴拉圭合建的伊泰普电站），我国已投产的最大混流式水轮机单机出力 700 MW。

轴流式水轮机的转轮外形如图 9.3 所示，适用于工作水头为 150～600 m。由转轮体、叶片和泄水锥构成。

4）泄水部件

反击式水轮机尾水管的作用是回收一部分转轮出口水流的动能和势能，并把水流平稳地引向下游，所以，尾水管是不可缺少的重要部件。

（2）冲击式水轮机的组成

如图 9.4 是冲击式水轮机中的水机。这种水轮机的引水部件是压力钢管，导水部件是喷嘴和喷针，工作部件是转轮（圆周布置一定数量的水斗），水部件是下游水槽（无泄水管），水斗式水轮机应用水头最高可达 2 000 m。

图 9.4　冲击式水轮机安装

9.1.4　水轮机的工作过程

水流经过引水管道引到引水部件蜗壳，由蜗壳均匀地把水流引向导水叶，再进入水轮机的转轮。水流流经转轮叶道时，把绝大部分能量传给了转轮，使水轮机旋转，带有少部分能量的水流流入尾水管，经尾水管回收一部分能量以后,流到下游河床。至此,完成了水能转变成机械能的全过程,这就是水轮机的工作过程。若要改变水轮机出力,可调节导叶开度。

冲击式水轮机的工作过程:从压力钢管引来的高压水流在喷嘴处转变成动能,以高速射流的形式射到转轮的水斗上,与此同时,高速射流的动能绝大部分转变成了转轮旋转的机械能,于是转轮高速旋转,带动发电机发电。若需改变水轮机出力,由喷针的移动来调节射流。

9.2　水轮发电机

水轮发电机是由水轮机驱动发电的机械。主要由定子、转子、机架、推力轴承和导轴承、通风冷设备等构成。定子中嵌有线圈,转子周围装有磁极。当转子在水轮机带动下旋转时,其磁极产生的磁力线切割定子线圈就会感应生成电流,这就是发电机工作的基本原理。

水轮发电机的转速比汽轮发电机小许多,一般为 125 r/min。为了达到电气量的同步,因此,水轮发电机的尺寸相对就较大,转子半径可达到十几米。如图 9.5 所示为某水电厂水轮发电机转子吊装时的情况。

图 9.5　水轮发电机安装

9.2.1　水轮发电机的类型

按照水轮发电机主轴布置的方式分类,有立式水轮发电机和卧式水轮发电机,中、大容量的发电机考虑到发电站的建设成本,一般采用立式。中小型、某些冲击式以及贯流式机组的发电机采用卧式布置。立式布置的水轮发电机根据推力轴承的位置不同,又分为悬吊式和伞式两大类。推力轴承位于发电机转子以上的上部机架上的发电机称为悬吊式,推力轴承在转子下方的(下机架或水轮机顶盖支架上)称为伞式水轮发电机。

9.2.2 水轮发电机的部件和作用

(1)定子

定子由机座、铁心、线圈等组成。定子是产生电流的部件。转子旋转时,磁极产生的磁力线切割定子线圈,会在线圈中产生电势和电流。

(2)转子

转子是产生旋转磁场的部件。由磁极、磁轭、轮臂、轮毂、主轴等构成。磁极线圈中通入直流电会产生磁场,转子在水轮机驱动下旋转时,磁场也旋转并切割定子线圈。

(3)机架

机架是安装发电机轴承的部件。分为承重机架和非承重机架,承重机架上装有发电机的推力轴承,机组转动部分的重量和轴向水压力由推力轴承经承重机架承受并传到基础上。非承受重机架可安装发电机的导轴承或其他部件,此时,机架仅承受导轴承传来的机组运行时的振摆力。

(4)推力轴承

推力轴承是水轮发电机的重要部件,借助推力轴承可以把机组转动部分悬吊起(立式悬吊式)或托起(伞式),机组运行时,发电机转子、水轮机转轮、主轴以及水轮机承受的水压力传递到基础上去。巨型机组的推力轴承承重可达几万 kN。推力轴承可以安装在转子上部的上机架(悬吊式)、转子下部的下机架或水轮机顶盖支架(伞式)上。大型低速水轮发电机制成伞式,中小型水轮发电机制成悬吊式。

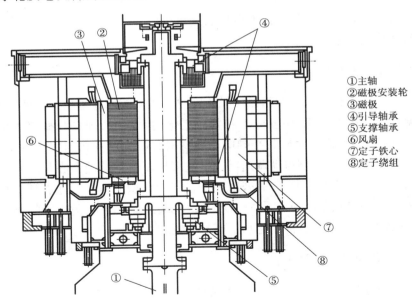

①主轴
②磁极安装轮
③磁极
④引导轴承
⑤支撑轴承
⑥风扇
⑦定子铁心
⑧定子绕组

图9.6 纵轴水轮发电机断面图

(5)冷却系统

水轮发电机运行中会产生热量,需要连续不断地冷却,以免过热。大、中型水轮发电机采用密闭自循环空气冷却,发电机设上下风洞盖板,转子轮臂把冷风压向磁轭、磁极、定子线圈、定子铁心的通风槽,吸收热量后变热,热风流过安装在定子机座外围的空气冷却器时,被冷却器铜管上缠绕的细铜丝吸收其热量,并传导到铜管内连续流过的冷却水,空气即被冷却。经冷却后的空气又循环至转子轮臂重复以上过程。巨型机组运行时发热量大,需要提高冷却效果,常采用水内冷直接冷却铁心和线圈。

9.3　水轮发电机组调节

9.3.1　调节的基本概念

无论是工农业生产用电还是人民生活用电,对电能的质量都有要求。衡量电能质量好坏的标准是电压和频率。水轮发电机组运行过程中,由于外界负荷的变化,需随时调整电压或频率,以保持在规定的范围内。电压的调整由自动励磁调节系统完成,而频率的调整(机组并列运行时是负荷的调整)需要由水轮机调速系统来完成。

在水轮机调速系统中,调节装置是调速器,调节对象是水轮机等被调速器控制的设备(如引水系统、水轮机、发电机、电力系统)。引水系统把水流引入水轮机,在水轮机中,水能转变成水轮机的机械能带动发电机发电,发出的电能以供电频率送入电力系统,发电机发出的频率信号同时又反映给调速器,并与调速器给定的频率比较,经综合以后,调速器按二者偏差的大小和方向发出调节命令,改变水轮机导水叶的开度,从而改变进入水轮机的水量,导致水轮机和发电机转速的改变,这样,发电机发出的电流的频率也随之改变。经过几次反复调整,最终使发出的电能频率满足要求。

9.3.2　水轮机调速器

水轮机调速器的类型也反映了调速器发展的历史。最早的调速器由人工手动操作,操作人员不仅要监测电能频率的变化,还要分析和判断变化的大小和方向(与额定频率比较是高还是低,差多少),并操作手轮开大或关小导叶。随着科技的发展和机组容量的增大,手动已无法满足要求,出现了机械液压型自动调速器。机械液压型自动调速器在传递和处理调节信号时,速度较慢,稳定性和精度不太高,后来出现了电气液压型调速器。随着计算机在科技和生产中应用越来越广泛,20世纪80年代又出现了微机调速器。微机调速器的调节品质更优于电液调速器,对提高水电站综合自动化水平更为有效。

9.3.3　水轮机调速器的主要环节

以机械液压型调速器和电气液压型调速器为例,调速器的主要组成环节有:

(1)测速元件

作用是测量机组的转速(离心摆)或电流频率(电气测频回路)并与给定值进行比较,根据偏差值的大小和方向输出调节信号至放大元件。

(2)放大元件

作用是把测速元件测出的偏差信号经过放大,以便能操作导叶开和关。

（3）**反馈机构**

作用一方面可以防止超调节,同时可以改善调节系统的稳定性和动态品质。

（4）**控制机构**

控制机构可以实现启、停机操作和增减负荷操作。

（5）**油压装置**

各类调速器操作的能源都来自油压装置。油压装置由油罐和油泵以及一组阀门等组成。

复习思考题

9.1　什么是水轮机? 什么是反击式水轮机? 什么是冲击式水轮机?

9.2　水轮机的工作参数主要有哪几个? 并解释各参数的含义。

9.3　反击式水轮机一般由哪几大部件构成? 各有什么作用?

9.4　什么是水轮发电机? 水轮发电机的主要组成部件有哪些? 各部件起什么作用?

9.5　水轮机运行时,为什么要由调速器进行调节? 改变机组出力的方法何在?

9.6　机调或电调一般由哪些元件组成?

第10章
水电站运行

10.1 水库调度

10.1.1 水库

（1）水库的作用

天然河流的流量是不断变化的。我国河流每年内一般可分为汛期、平水期、枯水期三个季节。汛期水量占全年水量的 60% ~ 70%，枯水期水量只占全年水量的 10% 左右。各年之间水量也不相同，可分为丰水年、平水年、枯水年三种年份。丰水年水量比枯水年水量大 2 ~ 4 倍。此外，河流的流量变化还随地区的不同而有差别。

各用水部门对水量的需要也随时间而不同。用电负荷大时，发电用水多，反之则少。农作物需水期灌溉流量大，其他时期则较少或不要。工业及生活给水则要求全年维持一定流量。

天然来水情况和用水要求常常是有矛盾的，来水少时不够用，来水多时用不了甚至泛滥成灾。水库的作用就是调节用水和来水之间的矛盾。通过水量调节，把多余的水量贮存起来，在水量不足时使用。

（2）水库的调节性能

水库的调节性能可分为以下三种：

①短期调节（包括日调节和周调节）。把一天内或一周内需水量少时用不完的水贮存起来，供需水量多时使用。这种调节所需水量较少。

②季调节和年调节。将汛期多余水量贮存起来供非汛期使用，补充枯水期的不足。这类调节需较大的库容，同时可担负日调节、周调节的任务。

③多年调节。将丰水年多余水量贮存供枯水年使用，调节期超过一年。这种调节要求库容更大，可以同时负担年内丰、枯水期调节和日、周调节的任务。

（3）水库的基本特征

图 10.1 是水库的几种基本特征水位。

①最高洪水位又称校核洪水位,指水库拦蓄最大的校核洪水时坝前所达到的最高水位。

②正常高水位又称正常蓄水位,指正常运用情况下,满足调节要求达到的最高水位。

③死水位指水库在正常运用情况下,允许的最低水位。

最高水位以下的全部库容称为总库容;死水位以下的库容称为死库容,一般死库容中的水量是不利用的;正常高水位到死水位之间的库容称为调节库容(也称为有效库容或兴利库容)。调节库容越大,表示水库的调节能力越强,效益也越好。但要增加调节库容,就要增加坝的高度,这会增大淹没损失,也需要消耗更多的人力、物力,增长工期。

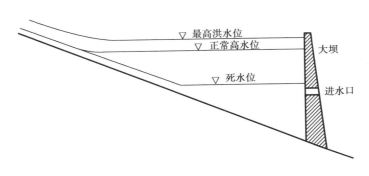

图 10.1　水库特征水位示意图

10.1.2　水库调度

水库投入运行后,为了处理好各时期来水与用水、发电与防洪、发电与灌溉、水头与水量等各种矛盾,实现水库的最大综合效益,要依照科学规定的水库调度图,并考虑当年的实际情况,进行合理调度。

水库调度的任务是:根据水文变化规律,结合预报,掌握各时期水库来水量,了解各部门对水库的要求,及时地蓄水放水,并经济合理地分配于发电及各用水部门。在蓄水中处理好防洪与各用水部门的关系,做到蓄水早晚得当,蓄放合理。在用水中处理好发电与灌溉,工业与城市给水、航运、渔业等部门的关系,最好地发挥水库综合利用效益。

在发电调度中,要处理好发电与防洪及其他综合利用的需要;处理好蓄水与用水、利用水量与利用水头、当前需要与后期需要的关系。对后期来水情况要做丰水与枯水两种准备。例如,为了充分利用水量,减少弃水,就需要降低坝前水位,留出较大调节库容,而这样电站将长期在低水头下运行,使年发电量减少。表 10.1 是一般中等水头大型水电站水头和发电耗水率的关系。

表 10.1　水电站水头和发电耗水率的关系

水　头/m	30	40	50	60	70	80	90
耗水率 /[m³·(kW·h)⁻¹]	14.1	10.6	8.5	7.1	6.1	5.3	4.7

例如,某水电站设计平均水头 70 m,年发电量 30 亿 kW·h,若实际运行时平均水头降低为 60 m,发同样的电量,年耗水量要多 30 亿 m³,否则,将少发电 6.9 亿 kW·h,损失 16%。

10.2 水轮发电机组运行

对水电站水轮发电机组运行的要求是安全、经济、可靠,最终提高企业的经济效益。为此,必须解决机组运行中出现的一些问题。

水轮机运行中经常会遇到汽蚀、泥沙磨损、水轮机振动及经济运行等问题。

10.2.1 水轮机的汽蚀破坏

当水流流过水轮机的过流通道(特别是转轮)时,由于某些局部地区的流速增高、压力降低,会对过流表面产生一种特殊的破坏现象——汽蚀破坏。汽蚀破坏的原因是复杂的,其危害非常严重,轻者会使过流金属表面发黑发暗,起麻点,出现针孔状,重者会产生蜂窝状、孔洞,甚至一块块脱落。不仅如此,在汽蚀发生的过程中,伴随一系列不稳定现象发生:闪光、轰鸣、噪声、振动,水轮机出力和效率下降,功率出现波动等,严重时甚至不能正常运行。为此,应避免和减轻汽蚀,对已遭汽蚀破坏的部位应及时修复。

目前,国内外常用的防止和消除汽蚀的措施有以下一些:

①在水轮机设计时,设计合理的叶片形状,避免水流在叶道中的流速和压力发生突变。

②采用抗汽蚀的材料,现在大中型水轮机的许多过流部件都采用不锈钢制造,对抵抗汽蚀破坏效果较好。

③选择合适的运行工况,尽量避开汽蚀区工作。有些水轮机在某些工作区域(特别是低水头、低负荷区)会出现强烈汽蚀现象。

④对已被汽蚀破坏的部位应当及时检修。检修方式是:对汽蚀部位打磨,或刨去表面,再用不锈钢焊条补焊,打磨光滑。

⑤对尾水管中出现的空腔汽蚀,可以在尾水管中加阻水栅(导水栅)的方式改善。

10.2.2 水轮机的泥沙磨损

水轮机是以水为工作介质工作的。当水中含有泥沙特别是颗粒较大,硬度很大,有尖角的泥沙,以及泥沙借助水流的动能会在流过过流表面时,对金属表面产生磨削,久而久之,会使表面磨成沟痕、磨薄,甚至边缘磨成锯齿状或穿孔。最容易被磨损的部位是转轮叶片、导叶表面、导水机构底环和顶盖等。泥沙磨损的危害与汽蚀类似,不仅破坏机组部件,缩短检修周期,耗费人力物力,还影响安全生产,使电站少发电,造成经济损失。为此,要采取防磨抗磨措施。常用方法有:

①在多泥沙河流修建电站时,应在引水洞入口前修建沉沙池,使大量泥沙先沉积在沉沙池,使较清洁的水引入水轮机,可减轻磨损。

②将过流表面设计成流线型,避免水流突变。

③采用硬度大的不锈钢材料制造。

④选择合适的运行方式,防止汽蚀与泥沙磨损的联合作用。

⑤对已破坏的部位及时补焊修复、磨光滑。

10.2.3　水轮机的振动

水轮机在运行中,由于会受到不平衡的外力(机械力、水力、电磁力等)的干扰而振动。振动对机组危害很大,不仅影响正常运行,严重时会破坏机组的结构。

(1)引起振动的原因

由于作用在机组上的力不平衡,就会引起机组振动。不平衡力有转动部分(发电机转子、水轮机转轮)质量不平衡,机组轴线不正,机组各部位的轴承有缺陷等引起机组振动;流入水轮机的水流不对称(蜗壳形状不对、导叶开度不均匀等)出现汽蚀时,会引起水力振动;发电磁路不对称造成磁力不平衡会引起电气振动。

(2)消除振动的方法

为了消除水轮机的振动,首先要用有关仪器仪表(测振、示波器、百分表等)测出振幅、频率,分析振动规律,从而确振动原因,采取相应措施消除振动。

10.2.4　水轮发电机组运行

水轮发电机的运行也是一个长时间连续的能量转换过程。既有机械能转变成电能的过程,同时伴有电场与磁场的交互作用。因此,容易出现绝缘损坏,短路事故,轴承过热和烧坏事故,以及振动现象等。

(1)定子线圈绝缘损坏短路事故

由于发电机运行时间过长或制造质量问题,定子线圈绝缘会老化或损坏,造成短路烧坏。为此,应定期做绝缘耐压试验,发现薄弱环节及时检修或更换。检修时,要注意检查、清洗。对线圈接头部位尤其仔细检查有无烧坏现象,发现缺陷要及时焊牢。

(2)轴承磨损烧坏事故

水轮发电机的推力轴承、导轴承磨损或烧坏事故也偶有发生。造成推力轴承(轴瓦)烧坏的原因主要有:推力瓦受力不均匀,润滑不良,冷却效果不好,以及轴电流产生电弧等。因此,在安装或检修时,要精心修刮推力瓦,调整推力瓦受力均匀,精研镜板,保证油槽冷却水管畅通而不漏水,在推力瓦和导轴瓦背加绝缘防止轴电流,以及运行中随时监视油槽内的油位和温度等。导轴瓦磨损和烧坏的原因有:安装时轴瓦间隙达不到设计值,机组摆度过大,抗重螺栓松动,轴电流及冷却效果不好等。应当精心调整好机组轴线,使摆度在规范内,安装时,计算和调好轴瓦间隙,保证良好润滑和冷却。

(3)水轮发电机的振动

发电机振动与水轮机振动是同时发生的,而且相互影响,其振动原因和消除方法与水轮机相同。

10.3　典型水电站简介

10.3.1　三峡电站

三峡电站位于湖北省西部的宜昌县三斗坪镇,距长江下游已建的葛洲坝水利枢纽约

40 km。三峡工程是具有防洪、发电、航运效益的综合利用巨型水利工程。其主要任务是：防御长江中下游特别是荆江河段的洪水灾害；向华中、华东和重庆地区提供电能；改善川江及中下游航道的通航条件。在水库运用上，汛期以防洪和排沙为主，枯水期发电和航运统筹兼顾。

水库正常蓄水位为 175 m，汛期防洪限制水位为 145 m。

电站总装机容量 18 200 MW，单机容量 700 MW，总装机 26 台，年发电量 847 亿 kW·h。电站厂房为坝后式，位于泄洪坝段两侧厂房坝段后。左岸厂房装机 14 台，右岸厂房装机 12 台，远期在右岸下预留扩大 6 台机组的位置。

图 10.2　三峡电站

三峡电站 1994 年 12 月正式动工，1997 年大江截流。2003 年水库蓄水位到 135 m，左岸电站第一批机组开始发电；2006 年左岸 14 台机组全部建成投产；2007 年右岸电站开始发电，水库按 156 m 蓄水位运行；2009 年右岸 12 台全部建成投产，到 2013 年水库蓄至最终正常蓄水位 175 m 时，三峡电站运行达到电站设计的标准。三峡电站目前是世界上最大的水电站。

三峡电站为三峡电力系统的主导电站，三峡电力系统为交直流混合输电系统，其中供给华东的三回直流输电线路输电能力为 7 200 MW，其余均为 500 kV 交流线路。

三峡水库可以滞蓄 221.5 亿 m³ 的洪水，使湖北省荆江河段的防洪能力由十年一遇提高到百年一遇，确保拥有 1 500 万人口、150 万公顷（1 公顷 = 10 000 m²）耕地的江汉平原和洞庭湖区免遭毁灭性洪水的威胁。三峡工程将显著改善川江和葛洲坝以下航道，可使汉渝之间行驶万吨级船队，极大地提高川江水运能力，也有利于缓解川东、华中、华东铁路运输紧张状况。

就发电而言，三峡最大的贡献在于提供了环保能源。开发三峡相当于建设一个年产 4 000 万 t 原煤或年产 2 100 万 t 原油的巨大煤矿或油田，而且是廉价、清洁，永远不必担心枯竭的能源。

三峡电站是一个世界级的巨型水电站，它是华中、华东和川渝联合电力系统中的一个特大电源，在电力系统中具有举足轻重的作用：

①三峡电站的建成，将促进全国性电网的形成，是全国电网的核心。三峡电站地处我国腹部，它的建设将把华中、华东及川渝电网连接成一个联合电网，并可能进一步与华北、华南和西

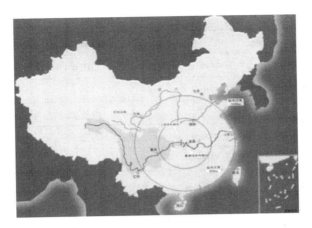

图 10.3　三峡水利枢纽位置图

图 10.4　三峡船闸通航

南电网相连,促进全国电力联网的形成,三峡电站是全国电力系统中惟一的千万千瓦级的电厂,是系统中的核心。

②三峡电站的建成,是华中、华东及川渝联合电网中的主力电厂。我国煤炭资源集中在北方,水力资源在南部,北煤南水,水火调剂,效益巨大,三峡电站地理位置适中,在实现水火互补、水火调剂中,三峡电站将起到枢纽作用,而且,对联合电网的调频、调压、安全运行、优质供电起到关键作用。

③满足华中、华东地区用电负荷不断增长的需要,华中、华东地区工农业生产发达,煤炭资源缺乏,进一步发展火电受着煤炭生产和运输的制约。三峡电站年发电量 847 亿 kW·h,它对满足华中、华东地区用电需要和缓解一次能源短缺起着极其重要的作用。

④三峡电力输入川渝,将促进川渝地区,特别是万州、涪陵、黔江三地区工农业发展。

三峡电站水轮机主要性能参数和结构数据见表 10.2。

表 10.2　水轮机主要性能参数和结构数据

项　目	单　位	ALSTOM	VGS
最大水头	m	113	113
设计水头	m	101	103

续表

项　目	单　位	ALSTOM	VGS
额定水头	m	80.6	80.6
最小水头	m	71	71
形式		混流式	混流式
转速	r/min	75	75
额定出力	MW	710	710
最优效率(保证值)	%	96.26	96.26
叶片数		15	13
转轮直径	mm	9 800	9 709
转轮高度	mm	5 080	5 565
转轮质量	t	445	407
主轴直径	mm	4 000	3 800
主轴长度	mm	6 650	6 475
水轮机总质量	t	3 308	3 190

10.3.2　二滩水电站

二滩水电站位于四川省西南部的雅砻江下游,坝址距雅砻江与金沙江的交汇口 33 km,系雅砻江干流上规划建设的 21 座梯级电站中的第一座,总投资 280 亿元。

二滩水电站以发电为主。拱坝坝高 240 m,总库容 58 亿 m³,调节库容 33.7 亿 m³,属季调节水库。电站装机容量 3 300 MW,安装 6 台 550 MW 的混流式水轮发电机组。多年平均发电量 170 亿 kW·h,保证出力 1 000 MW,年利用小时为 5 162 h。

二滩水电站于 1991 年 9 月 14 日主体工程开工,1993 年 11 月 26 日二滩水电工程实现大江截流,1998 年 5 月 1 日水库开始蓄水,同年 8 月 18 日第一台机组并网发电,11 月第二台机组投产,其余 4 台机组相继在 1999 年 3 月、6 月、9 月和 12 月投入运行,1999 年 12 月二滩水电站全部建成投产。

电站的主要枢纽建筑物包括:

①挡水建筑物:混凝土双曲拱坝,最大坝高 240 m。

②泄洪和消能设施:坝体设 7 个表孔,6 个中孔,4 个底孔。表孔和中孔用以排泄洪水,底孔不参加泄洪,作放空水库之用。右岸两条泄洪洞分别长 883 m 和 1 253 m,坝后设有高 35 m 的二道坝和长 300 m 的水垫塘以及下游河床防冲护岸工程,作为泄洪消能和护岸构筑物。

③左岸引水发电系统包括:坝前左岸 81 m 高的塔式进水口和 6 条直径 9 m 的引水压力管道;长 280 m、宽 25.5 m、高 64 m 的地下厂房;尾水调压室和 2 条尾水洞;主变压器室和 6 条母线洞;500 kV 电缆斜井;以及进厂交通洞、通风洞和竖井、排水廊道等设施。

④主要发电设备包括:6 台单机容量 550 MW 的立轴混流式水轮机,6 台额定容量 612 MVA 半伞式发电机,6 套离相封闭母线,6 台发电机断路器,18 台 214 MVA 单相变压器(另有一台备用),18 根总长 8.3 km 电压为 500 kV 的干式电缆,500 kV 全封闭气体绝缘组合开关

图 10.5　二滩水电站

（GIS），以及全厂计算机监控系统等。

⑤主要的金属结构包括：各种类型的闸门和拦污栅共计 98 扇，各部位埋件 109 孔，各种启闭机共计 35 台，设备总质量约 13 500 t。

10.3.3　黄河小浪底水利枢纽工程

小浪底水利枢纽工程位于洛阳以北黄河中游最后一段峡谷的出口处。上距三门峡水利枢纽 130 km，下距郑州花园口 128 km。它是黄河干流三门峡以下惟一能取得较大库容的控制性工程。

图 10.6　小浪底水利枢纽

工程建成后，可使黄河下游防洪标准由六十年一遇提高到千年一遇，基本解除黄河下游凌汛威胁。工程动态投资为 347 亿元。

小浪底工程水库总库容 126.5 亿 m³。安装 6 台 30 万 kW 混流式水轮发电机组，总装机容量 180 万 kW，多年平均年发电量 58.51 亿 kW·h。调水调沙库容 10.5 亿 m³，死库容 75.5 亿 m³，有效库容 51.0 亿 m³。小浪底工程的开发目标是以防洪、防凌、减淤为主，兼顾供水、灌溉和发电等。

小浪底工程 1994 年 9 月主体工程开工，1997 年 10 月 28 日实现大河截流，1999 年底第一台机组发电，2001 年 12 月 31 日全部竣工，总工期 11 年。

复习思考题

10.1 水库调度的任务是什么？

10.2 什么是水轮机汽蚀破坏？

10.3 国内外常用的消除、防止汽蚀的措施有哪些？

10.4 水轮机泥沙磨损有何危害？

10.5 引起振动的原因有哪些？

综合篇

随着很多地区气候反常,自然灾害频繁发生,酸雨范围越来越广,以高空臭氧层空洞扩大等现象的出现,使人们逐渐认识到治理大气环境,防止污染已经到了刻不容缓的地步。按人口平均计算,美国每年的 CO_2 排放量为 20 t/人年,德国为 12.3 t/人年,日本为 8.7 t/人年,虽然我国为 2.2 t/人年,但是人口众多,能源利用率不高,能源消费结构以污染严重的煤炭为主,所以备受世界关注。现在单是 CO_2 全球每年的排放量就超过 500 亿 t,而且还在不断增加。必须采取有效措施,控制温室气体的排放。

矿物燃料的储量是有限的,如果无节制地开采,到 21 世纪中叶,全球将面临石油、天然气等矿物燃料耗尽的严重威胁。按目前能源储藏量与开采速度的比例计算,全球石油可开采 40 年,天然气大约 60 年,煤炭可开采约 200 年。如果再考虑到现在世界石油消费量大约每年增长 2%,这样每隔 35 年,消费量将增加一倍。目前 1/5 的人口消费世界上 75% 的能源,据世界卫生组织估计,到 2060 年全球人口将达 100 ~ 110 亿。如果到时所有人的矿物和能源消费量都达到今天发达国家的人均消费水平,则地球上 35 种矿物中将有 1/3 在 40 年内消耗干净。

为了彻底解决能源供应问题,人类必须尽快改变现有的能源结构,加快发展替代能源。

第11章
核电站

11.1 概　述

在非常规能源中,核能发电自20世纪50年代中期问世,60年代后期起即进入迅速发展阶段,在世界范围内,核电已是成熟技术,截至2002年底,全世界运行的核电机组已达441个,总装机容量已达3.56亿kW,在全球供电量中所占比重为16.1%,在全球一次能源中所占比重为6.7%。目前世界上已有17个国家的核电在本国总发电量中比重超过25%,其中发达国家核电所占比重更高,法国为77%,韩国为38%,日本为36%,英国为28%,美国为21%。美国在全球核电总装机容量中所占比重为29%。

从我国能源结构看,我国的能源资源虽然比较丰富,但分布不均,沿海地区经济发达,电力供应负荷集中,但水电资源和煤炭资源匮乏,环保要求高,因此,在这些地区发展核电,是解决能源供应的有效途径和必由之路。同时,我国电源结构也不尽合理,电源装机容量中火电比例过大。大量使用煤炭,势必造成环境污染严重,能源利用效率低等问题,以煤电为主的电源结构必须尽快加以调整。水电的发展也受到自然环境、自然条件的诸多限制。因此,发展核电已越来越显示出了其重要性和必要性。

我国从1993年起有了核电。2003年,我国核电总装机容量达到870万kW,共有六座核电站,11台核电机组。核电发电量达到437亿kW·h,比上年增长64.8%,占全国总发电量的2.3%。

目前,国家相关部门完成了我国未来核电专题规划,到2020年,我国核电要达到3 600万～4 000万kW的装机容量,届时将占全国电力装机容量的4%。这是过去任何一个五年计划中都不曾有过的,因此,这是一个重新认识核电在我国能源结构中的战略地位的重大转折,核电面临着从未有过的良好发展机遇。

11.2　核电站工作原理

11.2.1　什么是核能

核能有两种:一种是由一些重金属元素(如铀、钍等)的原子核发生分裂时放出的巨大能量,这一分裂过程称为裂变反应,原子弹就是根据这个原理制造出来的;另一种是由一些轻元素(如氢的同位素氘和氚等)原子核聚合成较重的原子核时,放出巨大的能量,这一聚合过程称为聚变反应(又称热核反应),氢弹就是根据这个原理制造出来的。

本书提到的核能是指核裂变能。核电厂的燃料是铀,铀是一种重金属元素。当一个中子轰击铀原子核时,这个原子核能分裂成两个较轻的原子核,同时产生 $2 \sim 3$ 个中子和射线,并放出能量。如果新产生的中子又打中另一个铀原子核,引起新的裂变。在链式反应中,能量会源源不断地释放出来。1 kg 铀全部裂变放出的能量相当于 2 700 t 标准煤燃烧放出的能量。

核能发电就是利用原子核裂变产生的核能转变为热能,再用处于高压力下的水把热能带出,在蒸汽发生器内产生蒸汽,蒸汽推动汽轮机带着发电机一起旋转。核电站与火电站在构成上的最主要区别,是前者用核蒸汽发生系统(反应堆、蒸汽发生器、泵和管道等)代替后者的蒸汽锅炉机组。

11.2.2　核反应堆原理

核反应堆是一个能维持和控制核裂变链式反应,从而实现核能与热能转换的装置。核反应堆是核电厂的心脏,核裂变链式反应在其中进行。

1942 年美国芝加哥大学建成了世界上第一座链式反应装置,从此开辟了核能利用的新纪元。

图 11.1　核电站设备安装

反应堆由堆芯、冷却系统、慢化系统、反射层、控制与保护系统、屏蔽系统、辐射监测系统等组成。

(1)燃料包壳

为了防止裂变产物逸出,一般燃料都需用包壳包起来,包壳材料有铝、锆合金和不锈钢等。

（2）控制棒和安全棒

为了控制链式反应的速率在一个预定的水平上，需用吸收中子的材料做成吸收棒，称之为控制棒和安全棒。控制棒用来补偿燃料消耗和调节反应速率；安全棒用来快速停止链式反应。吸收体材料一般是硼、碳化硼、镉、银铟镉等。

（3）冷却剂

为了将裂变的热导出来，反应堆必须有冷却剂，常用的冷却剂有轻水、重水、氦和液态金属钠等。

（4）慢化剂

由于慢速中子更易引起铀 – 235 裂变，而中子裂变出来则是快速中子，所以有些反应堆中要放入能使中子速度减慢的材料，称为慢化剂，一般慢化剂有水、重水、石墨等。

（5）反射层

反射层设在活性区四周，它可以是重水、轻水、铍、石墨或其他材料。它能把活性区内逃出的中子反射回去，减少中子的泄漏量。

（6）屏蔽系统

反应堆周围设屏蔽层，减弱中子及 γ 剂量。

（7）辐射监测系统

该系统能监测并及早发现放射性泄漏情况。

图 11.2　安装堆芯

11.2.3　反应堆的分类

反应堆的结构形式是千姿百态的。它根据燃料形式、冷却剂种类、中子能量分布形式、特殊的设计需要等因素可建造成各类型结构形式的反应堆。目前世界上有大小反应堆上千座，其分类也是多种多样。按能普分，有由热能中子和快速中子引起裂变的热堆和快堆；按冷却剂分，有轻水堆，即普通水堆（又分为压水堆和沸水堆）、重水堆、气冷堆和钠冷堆；按用途分，有研究试验堆、生产堆、动力堆。

世界上动力反应堆可分为潜艇动力堆和商用发电反应堆。核潜艇通常用压水堆作为其动力装置。商用规模的核电站用的反应堆主要有压水堆、沸水堆、重水堆、石墨气冷堆和快堆等。应用最广泛的是压水反应堆。压水反应堆是以普通水作冷却剂和慢化剂，它是从军用堆基础上发展起来的最成熟、最成功的动力堆堆型。

11.2.4　压水堆的工作过程

压水堆中首先要有核燃料。核燃料是把小指头大的烧结二氧化铀芯块，装到锆合金管中，将几百根装有芯块的锆合金管组装在一起，成为燃料组件。大多数组件中都有一束控制棒，控制着链式反应的强度和反应的开始与终止。

压水堆以水作为冷却剂在主泵的推动下流过燃料组件，吸收了核裂变产生的热能以后流出反应堆，进入蒸汽发生器，在那里把热量传给二次侧的水，使它们变成蒸汽送去发电，而主冷却剂本身的温度就降低了。从蒸汽发生器出来的主冷却剂再由主泵送回反应堆去加热。冷却剂的这一循环通道称为一回路，一回路高压由稳压器来维持和调节。

这种堆的发电原理流程如图 11.3 所示。由于用 2% ~ 3% 的低浓缩铀作燃料,以及用传热效率较高的水作介质,所以反应堆体积小、造价低,技术上也比较容易掌握。

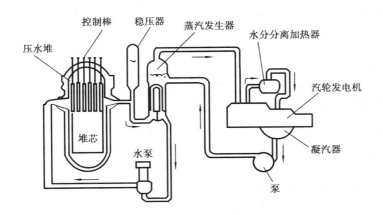

图 11.3　压水堆核电站原理流程图

我国的秦山核电站一期工程 300 MW 机组和广东大亚湾核电站 900 MW 机组的反应堆均采用压水堆。

从长远看,与世界上大多数国家一样,我国对核能发电应用开发采取"三步走"的基本方针,即热中子反应堆、快中子增殖堆、受控核聚变堆。当前和今后相当长一个时期,核能科研以开发应用热堆技术为主,同时开展快堆和受控核聚变技术研究,积极参与国际合作跟踪世界发展趋势。

11.3　核电站的安全措施

11.3.1　设计方面安全措施

为了确保核电厂的安全,从设计上采取了所能想到的最严密的防御措施:

(1)四重屏障防止放射性物质外逸

裂变产生的放射性物质 90% 滞留于燃料芯块中;密封的燃料包壳;坚固的压力容器和密闭的回路系统;能承受内压的安全壳。

(2)多重保护

因任何原因未能正常停堆时,控制棒自动落入堆内,实行自动紧急停堆;如任何原因控制棒未能插入,高浓度硼酸水自动喷入堆内,实现自动紧急停堆。

(3)发生自然灾害时安全停闭核电厂

在核电厂设计中,始终把安全放在第一位,在设计上考虑了当地可能出现的最严重的地震、海啸、热带风暴、洪水等自然灾害,即使发生了最严重的自然灾害,反应堆也能安全停闭,不会对当地居民和自然环境造成危害。

在核电厂设计中甚至还考虑了厂区附近的堤坝坍塌、飞机坠毁、交通事故和化工厂事故之类的事件。例如,一架喷气式飞机在厂区上空坠毁,而且碰巧落到反应堆建筑物上,设计要求这时反应堆还是安全的。

11.3.2　管理方面的安全措施

核电厂有着严密的质量保证体系,对选址、设计、建造、调试和运行等各个阶段的每一项具体活动都有单项的质量保证大纲。

另外,还实行内部和外部监察制度,监督检查质量保证大纲的实施情况和是否起到应有的作用。另外,对参加核电厂工作的人员的选择、培训、考核和任命有着严格的规定。领取操纵员执照,然后才能上岗,还要进行定期考核,不合格者将被取消上岗资格。

11.3.3　纵深防御措施

核电站的设计、建造和运行采用了纵深防御的原则,从设备上和措施上提供多层次的重叠保护,确保放射性物质能有效地包容起来不发生泄漏。纵深防御包括以下五道防线:

第一道防线:精心设计,精心施工,确保核电站的设备精良。有严格的质量保证系统,建立周密的程序,严格的制度和必要的监督,加强对核电站工作人员的教育和培训,使人人关心安全,人人注意安全,防止发生故障。

第二道防线:加强运行管理和监督,及时正确处理不正常情况,排除故障。

第三道防线:设计提供的多层次的安全系统和保护系统,防止设备故障和人为差错酿成事故。

第四道防线:启用核电站安全系统,加强事故中的电站管理,防止事故扩大。

第五道防线:厂内外应急响应计划,努力减轻事故对居民的影响。

有了以上互相依赖相互支持的各道防线,核电站是非常安全的。

11.3.4　核电站废物处理

核电厂的"三废"治理设施与主体工程同时设计,同时施工,同时投产,其原则是尽量回收,把排放量减至最小,核电厂的固体废物完全不向环境排放,放射性液体废物转化为固体也不排放;像工作人员淋浴水、洗涤水之类的低放射性废水经过处理、检测合格后排放;气体废物经过滞留衰变和吸附,过滤后向高空排放。

核电厂废物排放严格遵照国家标准,而实际排放的放射性物质的量远低于标准规定的允许值。所以,核电厂不会对给人生活和工农业生产带来有害的影响。

11.4　典型核电站简介

11.4.1　秦山核电站

秦山核电站位于东海之滨美丽富饶的杭州湾畔,是我国第一座依靠自己的力量设计、建造和运营管理的 30 万 kW 压水堆核电站。1985 年 3 月浇灌第一罐核岛底板混凝土,1991 年 12 月首次并网发电,1994 年 4 月投入商业运行,1995 年 7 月通过国家验收。它的建成投产结束了祖国大陆无核电的历史,同时也使我国成为继美、英、法、前苏联、加拿大、瑞典之后世界上第七个能够自行设计、建造核电站的国家。

秦山核电二期工程,是我国自主设计、自主建造、自主管理、自主运营的首座 2 × 60 万 kW 商用压水堆核电站,工程总投资为 148 亿元人民币。核电站的设计寿命为 40 年。主体工程于 1996 年 6 月 2 日开工,经过近 6 年的建设,第一台机组于 2002 年 4 月 15 日投入商业运行。

秦山三期核电站工程是我国首座商用重水堆核电站工程,系国家"九五"重点工程,也是我国和加拿大迄今为止合作的最大项目。它采用加拿大成熟的重水堆核电技术,建造两台 70 万 kW 级核电机组,设计寿命为 40 年,总投资 28.8 亿美元。

图 11.4 秦山核电站

图 11.5 大亚湾核电站

11.4.2 大亚湾核电站

广东大亚湾核电站位于深圳市东部大亚湾畔。距深圳市直线距离约 45 km,距香港约 50 km。

大亚湾核电站是我国引进国外资金、设备和技术建设的第一座大型商用核电站,是我国改革开放以来建立的最大的中外合资企业之一,总投资 40 亿美元。核电站安装有两台单机容量为 984 MW 压水反应堆机组。

1987 年 8 月 7 日工程正式开工,1994 年 2 月 1 日和 5 月 6 日两台机组先后投入商业营运。广东大亚湾核电站每年发电量超过 100 亿 kW·h,其中七成电力供应香港,三成电力供应广东电网。通过核能发电,使得广东和香港两地每年减少燃煤消耗 370 万 t,从而大大减少了导致"温室效应"和酸雨的气体年度排放量,包括二氧化碳排放 900 万 t、二氧化硫排放 17 万 t、一氧化氮 3 万 t,以及空气中的尘埃数千 t。

11.4.3 田湾核电站

田湾核电站工程是依据中俄两国政府协议,在核能领域进行的高科技合作项目,是列入我国"九五"计划的重点工程之一,将是我国装机容量最大的核电站。厂址位于江苏省连云港市连云区田湾,一期工程两套 100 万 kW 发电机组,投资 260 亿元,加上 500 kV 高压输电线和宜兴 80 万 kW 抽水蓄能电站两项配套工程,总投资约 360 亿元。该电站采用俄罗斯核电技术,引进德国西门子公司先进的自动控制和仪表系统,这是中俄目前最大的合作项目。

厂区按 4 台百万千瓦级核电机组规划,并留有再建 2 ~ 4 台的余地。

图 11.6　田湾核电站

11.4.4　岭澳核电站

岭澳核电站是 1994 年 2 月大亚湾核电站第一台机组顺利投产时,国务院决定兴建的广东第二座大型商用核电站。

岭澳核电站规划建设 4 台百万千瓦级压水堆发电机组。首期建设 2 台,采用大亚湾核电站技术翻版加改进方案。

11.4.5　三门核电站

三门核电站位于浙江省东部沿海,隶属台州市。厂址三面环海,西侧有山体形成的自然屏障。周边人口稀少,水陆交通便捷,环境优越。

三门核电项目规划建造 6 台百万千瓦级压水堆核电机组,作为核电国产化依托项目的一期工程计划建造 2 台压水堆核电机组。

三门核电一期工程从首台机组浇灌第一罐混凝土至商业运行,预计在 2010 年左右建成发电,年平均发电量预计可达 150 亿 kW·h。三门核电厂工程还具有巨大的环境效益。一期工程两座百万千瓦级发电机组与相同规模的燃烧发电机组相比,每年可减少排放超过 600 万 t 的二氧化硫、一氧化碳、氮氧化合物以及灰尘、废渣等废物排放,将有效地减轻环境污染和因有害气体的排放而引起的酸雨等危害,每年只需要补充约 60 t 左右的核燃料,而同样规模的烧煤电厂每年要烧煤 600 万 t,核电的建设同时也可大大缓解交通运输的巨大压力。

复习思考题

11.1　核能有哪几种? 核能是怎样释放的?

11.2　核电站和一般火电站的工艺流程有什么不同?

11.3　用于核电站的反应堆有哪几种类型?

11.4　核电站的单位千瓦造价和发电成本比一般火电厂高还是低?

第12章

其他能源发电

12.1 地热能发电

地球内部蕴藏着巨量的地热能,但绝大部分储藏在目前钻探技术还不能达到的地层深部,现在已开发利用的只是深度不超过 3 km 的地层中的热水和蒸汽。这些地热能除用于发电外,还可用于工业上的干燥,海水淡化,提取有用矿物,农业上的培种、育苗,以及用于医疗、采暖、融冰等。

地热能发电方式,根据地热利用方法的不同可分为两大类:一类是扩容法,另一类是低沸点工质法。

12.1.1 扩容法

(1)干蒸汽凝汽式热力系统

这种系统比较简单,干蒸汽从地热井中引出后,经过分离器或过滤器将蒸汽中携带的固体杂质去掉,即可送入汽轮机做功,其排汽进入凝汽器。这种热力系统有较高的循环效率,应用比较广泛。如图 12.1 所示为干蒸汽凝汽式热力系统。

(2)湿蒸汽单级扩容系统

湿蒸汽在地热井下多呈热水状态,因其温度高于当地气压下的饱和温度,喷出井外时大部分变为湿蒸汽同时携带有热水,因此,在利用湿蒸汽的热力系统中,不仅需要装设汽水分离器,往往还需要装设扩容蒸发器,所以有单级扩容系统和多级扩容系统之分。实际采用单级扩容系统的较多。如图 12.2 所示为用于湿蒸汽的单级扩容系统。

12.1.2 热水低沸点工质法

这里所指的热水是低于当地气压下的饱和温度的热水,从井中引出后仍为液态,因而不便于直接用于发电,所以常采用低沸点工质的循环系统,如图 12.3 所示。在这种循环系统中,低沸点工质闭式循环,在蒸发器中热水将工质加热汽化,进汽轮机做功后在凝汽器中又使其凝

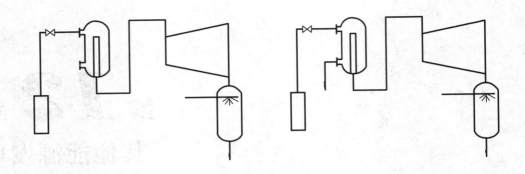

图 12.1　干蒸汽凝汽式热力系统　　　　图 12.2　湿蒸汽单级扩容系统

结成液态,再送入蒸发器,如此循环使用。

　　当热水温度略高于当地气压下的饱和温度时,往往有汽水混合物喷出,但其中热水的比例很大,这时有采取汽、水分别利用的方式,其循环系统称为复合循环系统。

　　这类循环系统常用的低沸点工质有异丁烷、正丁烷、氟里昂等多种。

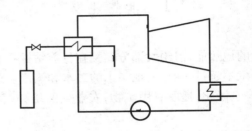

图 12.3　低沸点工质循环系统

12.1.3　地热电站简介

　　目前,我国最大的地热电站是西藏自治区的羊八井地热电站,羊八井位于西藏拉萨市西北91.8 km 的当雄县境内。1977 年 10 月羊八井地热田建起了第一台 1 000 kW 的地热发电试验机组。经过几年的运行试验,不断地改进,又于 1981 年和 1982 年建起了两台 3 000 kW 的发电机组。1985 年 7 月再投入第四台 3 000 kW 的机组,电站总装机容量已达 10 000 kW。

　　羊八井地热发电是采用二级扩容循环和混压式汽轮机,热水进口温度为 145 ℃,在我国算是高温型。

　　此外,在广东、福建、湖南、江西、辽宁等省都建有利用地下热水的试验电站。

　　到 1989 年初,国外已运行的地热发电机组共 200 台,总容量 5 004 MW,目前世界最大的地热电厂是美国的盖伊塞电厂,全厂容量 1 918 MW,单机容量最大为 140 MW。总之,地热发电在世界发电能源构成中的比重还很小。

图 12.4　羊八井地热电站

12.2　风力发电

12.2.1　概述

风是由于太阳照射到地球表面各处受热不同,产生温差引起大气运动形成的。尽管达到地球的太阳能仅有 2% 转化为风能,但其总量十分可观。全球可实际利用风能比可开发利用的水能总量还要大 10 倍。

目前,风能的利用主要是发电,风力发电在新能源和可再生能源行业中增长最快,年增达 35%,美国、意大利和德国年增长更是高达 50% 以上。德国风电已占总发电量的 3%,丹麦风电已超过总发电量的 10%。到 2001 年,世界风能发电装机总容量为 2 350 万 kW,近五年来年增长平均为 35% ~ 50%。专家预测,世界风电将进入快速发展时期。德国 2001 年风电装机容量为 800 万 kW,名列首位,占世界风电装机容量的 30%。美国装机容量达 400 万 kW,名列第二,西班牙为 330 万 kW,名列第三。丹麦装机容量 265 万 kW,名列第四。我国经过近 10 年以年均 55% 的快速增长,截至 2003 年底,我国内地已建成的风电场达 40 个,风力发电机组达 1 042 台,累计装机总规模为 56.7 万 kW,名列第八位。

世界上风能利用最好、发展最快、技术比较先进的国家分别是德国、美国、丹麦、荷兰。目前风力发电机组横轴式风力发电机技术已成熟,直轴风力涡轮机是美国最近几年内发展起来的,技术也日趋成熟。目前世界上已有 800 kW、1 000 kW 大型风力发电机组开始进入商业性运行。

12.2.2　风力发电装置

风力发电装置主要包括转子(回转叶片等)、升速装置、发电机、控制装置、调速系统以及支撑铁塔等,如图 12.5 所示。

当风力发电装置作为稳定电源经常供电时,还必须装设蓄能装置(如蓄电池)。转子上的回转叶片受风力冲动,将风力转变为回转的机械力,通过升速装置驱动发电机发电。转子一般为立式,叶片数一般为 2~3 片,而以 2 片的效率最高,叶片的方向与风向垂直,转速只有 40~50 r/min,而发电机的转速较高(例如 1 500 r/min,50 Hz 的发电机),必须装设升速装置(齿轮、链条和皮带等)。控制装置包括定向装置(将转子调整对准风向)、启动和停机装置、调整风力装置(调整叶片角度以调整接受的风力)和保护装置(在过高风速时停机以发电机保护)。调速装置用来维护发电机定速回转,支撑铁塔用来支撑和提高转子位置,使回转叶片能接受较大风速。

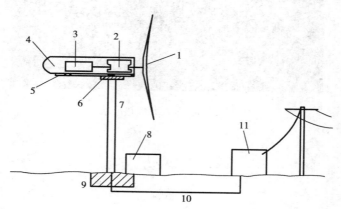

图 12.5　风力发电装置

1—转子;2—升速装置;3—发电机;4—感受元件、控制装置、离合器、制动装置、防雷保护等;
5—底板和外罩;6—改变方向的驱动装置;7—支撑铁塔;8—控制仪表、感受元件和保护继电器;
9—基础;10—电力电缆;11—变压器和开关等

12.2.3　风力发电简介

我国风能资源丰富,储量 32 亿 kW,可开发的装机容量约 253 亿 kW,居世界首位,具有商业化、规模化发展的潜力。

1991 年开始,风力发电建设和技术发展有了长足进步。从 1991 年到 1995 年,风电场的规模逐步扩大,全国第一个装机容量超过 1 万 kW 的新疆达坂城风电场建成之后,又相继建设内蒙古的商都、辽宁东岗和横山、广东南澳海峡、山东青岛、浙江鹤顶山等风电场,截至 1998 年底,全国共有 10 个风电场,安装风力发电机组 280 多台,装机容量 12 万 kW 左右,平均单机容量 300 kW。为了改善电力结构,国家电力公司又提出将风电作为产业来抓,并制定了有关风电并网运行的若干规定,将风电规划正式纳入国家电力发展的计划之中,开始大规模开发风力发电。1999 年至 2001 年风力发电发展更快,三年中新增风电机组 260 台,装机容量 14 万 kW,平均单机容量为 450 kW。到 2001 年底全国累计风电装机总容量达到 40 万 kW 左右,风电场发展到 25 个。

在装备方面,我国自主开发的 200~300 kW 级风电机组国产化率已超过 90%,600 kW 机组样机国产化程度已达 80%。尽管我国近几年风力发电增长很快,但无论是装备制造水平,还是总装机容量,与欧美一些发达国家相比仍存在较大差距,与邻国印度也存在明显差距。我国风力发电装机容量仅占全国电力装机的 0.11%,我国近期目标是到 2005 年我国风力发电装机总量将达 100 万 kW,到 2010 年将达 400 万 kW,到 2020 年将达 2 000 万 kW,届时在全国电力能源结构中的比例将占到 2%。

　　内蒙古二连浩特风力发电厂,为加拿大埃伏隆电力股份有限公司独资企业,预计总投资 12 亿美元,占地面积约 200 km²,总发电量将在 100 万 kW 以上,将成为亚洲最大的风力发电厂。

　　风力发电在我国是一项新兴产业,尽管当前与常规火电能源发电相比产业规模小,一次性投资大,但风力发电对改善环境,优化资源配置,优化电力结构却有着不可估量的作用。在有风源的地区,风力发电是未来能源的发展方向。

　　风力发电目前的主要问题是每千瓦造价太高及缺乏适当的蓄能装置。近几年来,美国、英国、加拿大、法国、日本、丹麦等国都在继续研究几兆瓦级的大型风力发电装置。

图 12.6　风力发电机组安装

12.3　太阳能发电

12.3.1　概述

　　人们普遍认为:在可再生能源中,技术含量最高、最有发展前途的是太阳能发电。太阳能取之不尽,用之不竭,照射到地球上 8 min 的能量就足够全世界的机器开动一年。

　　从太阳能获得电力,需通过太阳电池进行光电变换来实现。它同以往其他电源发电原理完全不同,具有以下特点:无枯竭危险;绝对干净,无公害;不受资源分布地域的限制;可在用电处就近发电;能源质量高;使用者从感情上容易接受;获取能源花费的时间短。不足之处是:照射的能量分布密度小,即要占用巨大面积;获得的能源与四季、昼夜及阴晴等气象条件有关。

但总的说来,作为新能源,太阳能具有极大优点,因此受到世界各国的重视。世界观察研究所 1998 年报告指出:太阳能市场增长要比石油工业快 10 倍,已经超过风能成为世界发展最快的能源领域。并预言:太阳能将与计算机、信息通信一起成为 21 世纪发展最快的工业。

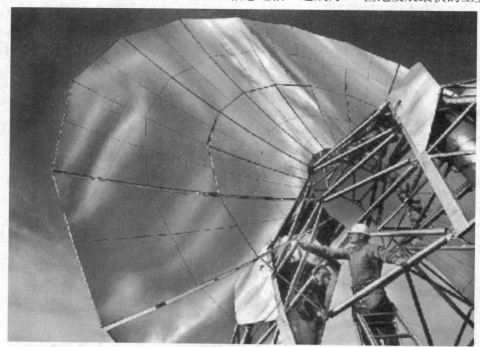

图 12.7   美国国家实验室 10 kW 太阳能碟电力系统

12.3.2   太阳能发电分类

太阳能发电系统可分为太阳热发电和太阳光伏发电两类。

前一类是将太阳热能传递给介质,由介质热能转变为电能,后一类是由太阳光能直接转换为电能,已广泛应用于人造地球卫星和宇航设备的太阳能电池上。

(1)太阳热发电

太阳热发电方式有直接转换和间接转换两种。如温差发电、热离子发电、磁流体发电等均属于热电直接转换,而集中型和分散型太阳热发电站均属于间接转换,即将太阳热能聚集起来,通过热交换器加热工质,驱动汽轮发电机组发电,与火电厂的发电原理相同。

澳大利亚环境公司在新南威尔士州建成世界上最大的太阳热发电系统,它利用在直径 7 km 的温室内由太阳能加热的空气推动汽轮机发电,出力达 20 万 kW,可供 20 万家庭用户使用。这一光电系统利用热空气向较冷的上空转移运动而发电。在地表温室内被阳光加热的空气利用中部高 1 000 m 的烟筒内的 22 台汽轮机转动发电。温室内的空气和烟筒最上部的温差为 30 ℃,使烟筒内空气上升的时速达 30~50 km,故可推动汽轮机发电。

这种发电方式的小型装置已在西班牙实用化。温室用特殊玻璃制造,耐力强而透光性好;烟筒则用强化混凝土制成,计划 2005 年完工。

(2)太阳光伏发电

1)太阳能电池发电原理

目前,太阳电池主要有单晶硅、多晶硅、非晶态硅三种。单晶硅太阳电池变换效率最高,已达 20% 以上,但价格也最贵。非晶态硅太阳电池变换效率最低,但价格最便宜,今后最有希望用于一般发电的将是这种电池。一旦它的大面积组件光电变换效率达到 10%,每瓦发电设备价格降到 1~2 美元时,便足以与现在的发电方式竞争。

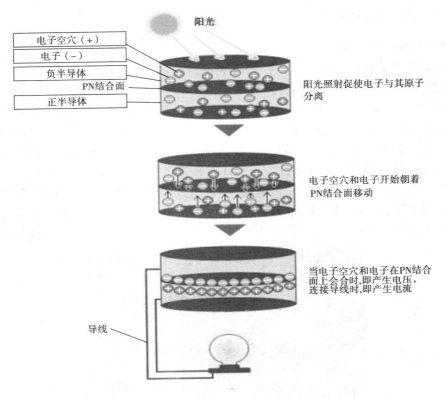

图 12.8　太阳能电池发电原理

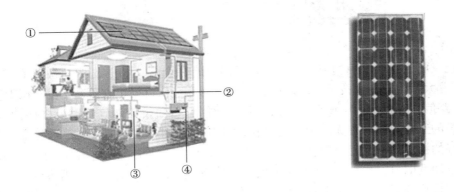

图 12.9　太阳能光伏发电系统

①光电(太阳能电池)模块　②变换器(电力调节器)　③室内配电盘配　④电度表

2)太阳能光伏发电系统

太阳能发电系统由太阳能发电模块构成。太阳能发电模块捕获太阳能并生成直流电。变换器(电力调节器)将直流电转换成交流电,用以运行许多常用电器和设备。

图12.9所示为家用太阳能系统,光电发电能力可超过300 kW,适用于电灯、电视机、洗衣机、冰箱、路灯等。终端设备/站的负载容量是可变的,可使供电更加灵活;可以集中运行和控制光电发电系统。可以方便地建立设施监控系统。

12.3.3 太阳能发电的应用

(1)太阳能发电实用化

要使太阳能发电真正达到实用水平,一是要提高太阳能光电变换效率并降低其成本,二是要实现太阳能发电同现在的电网联网。

太阳能发电虽受昼夜、晴雨、季节的影响,但可以分散地进行,所以它适于各家各户分散进行发电,而且要连接到供电网络上,使得各个家庭在电力富裕时可将其卖给电力公司,不足时又可从电力公司买入。日本已于1992年4月实现了太阳能发电系统同电力公司电网的联网,已有一些家庭开始安装太阳能发电设备。据日本有关部门估计,日本2 100万户个人住宅中如果有80%装上太阳能发电设备,便可满足全国总电力需要的14%,如果工厂及办公楼等单位用房也进行太阳能发电,则太阳能发电将占全国电力的30% ~ 40%。当前阻碍太阳能发电普及的最主要因素是费用昂贵,降低费用的关键在于太阳电池提高变换效率和降低成本。

图12.10 太阳能热水器

自太阳能发电应用于地面的20多年来,在各国政府和企业集团的支持和扶植下,有了很大的发展,随着太阳电池制造技术的不断改进,产量逐年上升,价格也在不断下降,应用范围也从航标灯、铁路信号等特殊用电场合,发展到通信中继站、石油及天然气管道阴极保护电源系统等较大规模的工业应用。在无电地区的乡村,太阳能家用电源、光电水泵等已经广泛使用,并且有了很好的社会效益和经济效益。中小型太阳能光伏电站正在迅速增加,在不少地方已经可以取代柴油发电机,以上这些类型属于独立光伏系统的应用。并网的太阳能发电系统也已在很多地区推广应用,到1996年全世界安装的光伏组件容量已超过600 MW,1995年发电量为8亿 kW·h。

从1988年到1996年全球太阳电池组件产量平均年增长率为12.6%,而1997年后却以30%左右的速度在增长。随着各国屋顶计划的实施,需要的光伏组件数量激增,相应的价格也将进一步下降。

图 12.11　太阳能路灯

(2) 建筑集成化

光伏与建筑相结合是光伏系统应用由边远农村地区进入城镇的重要里程碑,具有巨大的潜在经济价值,现已成为能源和建筑界关注的焦点。建筑界提出 21 世纪建筑的一个特点是建筑物能产生能源。现在美国的建筑物消耗电力占总量的 2/3,美国提出的目标是新建的建筑物要减少能源消耗 50%,并逐步进行改造,使得国家现有的 1 500 万个建筑物减少能耗 30%。

近年来,国外推行的光伏与建筑相结合,极大地推动了光伏并网系统的发展,在城镇建筑物上安装的光伏系统,通常采用与公共电网并网的形式。并网光伏系统不需要配备蓄电池,这样可以节省投资。而且,在夏天用电高峰时,正好太阳辐射量最大,光伏系统发电量最多,对电网还可以起到调峰作用。建筑物上有大量空置的屋顶及外墙空间,可以安装光伏组件,这样就不需要占用土地。如能进一步将光伏组件与建筑材料集成化,用光伏组件代替屋顶。窗户和外墙(特别是价格不菲的幕墙玻璃)形成光伏与建筑材料集成产品,既可以当建材,又能发电,这样就能进一步降低造价。

总之,光伏与建筑集成产品作为庞大的建筑市场和潜力巨大的光伏市场两者的结合点,有着无限广阔的发展前景,新的产品还在不断涌现。

经过了 20 多年的发展,我国的光伏发电产业已有了一定基础,一批太阳电池生产厂正在陆续建成,平均以每年 15% ~ 20% 的速度增长。其中通信、阴极保护、交通信号等工业应用约占 60% 以上,其余用于农村家用电源等,这些家用光伏小系统的功率多在 50 W 以下,估计全国已有 10 万套以上。在西藏已建成几座 10 ~ 100 kW 的独立光伏电站,解决了当地的用电问题。

复习思考题

12.1　地热能发电的原理是什么? 常用哪几种热力系统? 各有什么特点?

12.2　风力发电的原理是什么? 绘简图说明其主要的发电装置。

12.3　太阳能发电的原理是什么? 其发电方式有哪几种?

电网篇

电力网由不同电压等级的输电线路和变电站组成。下图为电力系统的示意图,图中除去发电机外的部分即为电力网。电力网的作用是输送、控制和分配电能。

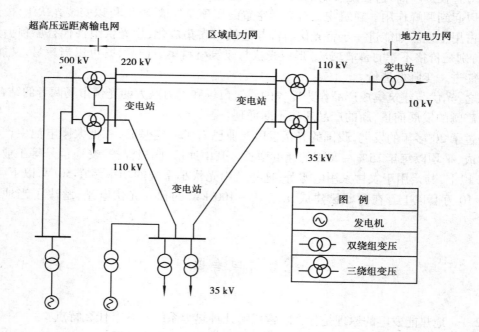

电力系统示意图

电力网按其供电范围的大小和电压等级的高低可分为地方电力网、区域电力网及超高压远距离输电网络等三种类型。

地方电力网是指电压不超过 110 kV,输送距离在几十 km 内的电力网,主要是指一般城市、工矿区、农村配电网络。

区域电力网的电压等级在 110～220 kV,它把范围较广地区的发电厂联系在一起,通过较长的输电线路向较大范围内的各种用户输送电能。目前,我国各省(区)电压为 110～220 kV 级的高压电力网都属于这种类型。

超高压远距离输电网络主要由电压为 330 kV 和 500 kV 的远距离输电线路组成,它担负着将远距离大容量发电厂的电能送往负荷中心的任务,同时往往还联系几个区域电力网以形成跨省(区)的、甚至国与国之间的联合电力系统。

在大功率、长距离直流输电技术上,我国已跻身于国际先进行列。

第**13**章
变电站

13.1 概　述

　　变电站是电力网的重要组成部分,它的任务是汇集电源,升降电压,分配电能。它的类型除了按升压、降压分类外,还可以按设备布置的地点分为户外变电站和户内变电站以及地下变电站等。若按变电所的容量和重要性又可分为枢纽变电站、中间变电站和终端变电站。枢纽变电站一般容量较大,处于联系电力系统各部分的中枢位置,地位重要。中间变电站则处于发电厂和负荷中心之间,从这里可以转送或抽引一部分负荷。终端变电站一般是降压变电站,它只负责对局部地区或一个用户供电,而不承担功率的转送。

　　变电站的电气流程及主要设备如图 13.1 所示。

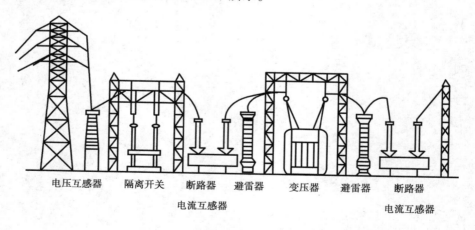

电压互感器　　隔离开关　　断路器　　避雷器　　变压器　　避雷器　　断路器
电流互感器　　　　　　　　　　　　　　　　　　　　　　　　　　　　电流互感器

图 13.1　变电站电气流程示意图

13.2　变 压 器

变压器是一种静止的电气设备,它利用电磁感应原理把一种电压的等级的交流电能转换成频率相等的另一种电压等级的交流电能。

变压器是电力系统中实现电能的经济传输、灵活分配和合理使用的重要设备,在国民经济其他部门也获得了广泛的应用。

13.2.1　变压器的基本工作原理

如图 13.2 所示,在变压器的铁心上套有两个相互绝缘的绕组,绕组之间只有磁的耦合而没有电的联系。其中绕组 1 接交流电源,称为原绕组或一次绕组;绕组 2 接负载,称为副绕组或二次绕组。

当原绕组接到交流电源 u_1 时,绕组中便有交流电流 i_1 流过,并在铁心中产生与外加电压频率相同的交变磁通 Φ_m;这个交变磁通同时交链着原、副绕组。根据电磁感应定律,交变磁通在原、副绕组中感应出相同频率的电动势 e_1、e_2。副方有了电动势,便向负载输出电能,实现了不同电压等级电能的传输。由于感应电动势的大小与绕组的

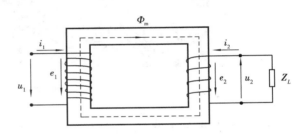

图 13.2　变压器的工作原理

匝数成正比,因此,改变原、副绕组的匝数,即可改变副绕组的电压,变压器因此而得名。

13.2.2　变压器的分类

变压器的种类很多,可按其用途、结构、相数、冷却方式等的不同来分类。

①按用途分类:可分为电力变压器(主要用在输配电系统中,又分为升压变压器、降压变压器、联络变压器和厂用变压器),仪用互感器(电压互感器和电流互感器),特种变压器。

②按绕组数目分类:可分为双绕组变压器、三绕组变压器、多绕组变压器和自耦变压器。

③按铁心结构分类:有心式变压器和壳式变压器。

④按相数分类:有单相变压器、三相变压器和多相变压器。

⑤按冷却介质和冷却方式分类:可分为油浸式变压器(包括油浸自冷式、油浸风冷式,油浸强迫油循环式),干式变压器,充气式变压器。

⑥电力变压器按容量大小分:小型变压器、中型变压器、大型变压器和特大型变压器。

13.2.3　电力变压器的基本结构

电力变压器的基本构成部分有:铁心、绕组、绝缘套管、油箱及其他附件,其中铁心和绕组是变压器的主要部件,称为器身。如图 13.3 为特大型变压器(1 000 MVA)的外观图片。

（1）铁心

铁心是变压器的主磁路，又是变压器的机械骨架。铁心通常使用饱和磁通密度高、导磁率大和铁耗（涡流损耗和磁滞损耗）少的硅钢片，一片一片涂以绝缘漆叠装而成。

图 13.3　1 000 MVA 变压器的外观

（2）绕组

绕组是变压器的电路部分，它由铜或铝绝缘导线绕制而成圆筒形螺旋体，如图 13.4 所示。为了便于绝缘，通常将低压绕组靠近铁心柱，高压绕组套在低压绕组外面。

（3）油箱

油浸式变压器均要有一个油箱，以便将组装好的铁心和绕组装入其中，并且要将变压器绝缘和散热用的油装入，以保证变压器正常工作。变压器油箱的重要作用是很明显的。正常情况下变压器油

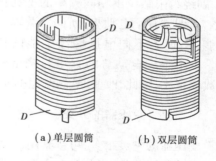

（a）单层圆筒　　（b）双层圆筒

图 13.4　圆筒形绕组

箱要承受铁心、绕组和变压器油的重量和对箱壁的压力，还要承受变压器安装时真空热油干燥时外部大气压力。因此，变压器油箱用软钢板焊接而成。

中、小型变压器为增加散热表面采用管式油箱，如图 13.5 所示。现代大型变压器均采用了钟罩式结构的散热器式油箱，如图 13.3 所示。

（4）绝缘套管

变压器的引出线从油箱内部引到箱外时，必须经过绝缘套管，使引线与油箱绝缘。绝缘套管一般是瓷质的，其结构取决于电压等级，如图 13.5 所示。

（5）变压器的铭牌参数

变压器的铭牌参数有：额定容量、额定电压、额定电流和额定频率。

图 13.5　小型变压器的外形

13.3　仪用互感器

在高压电力系统中,为了测量和继电保护的需要,必须使用仪用互感器。仪用互感器的任务是:

①把一次系统的高电压和大电流按比例变换成低电压和小电流,以便提供测量、继电保护和信号用,并使测量仪表和继电保护装置标准化。

②把电力系统处于高电位的一次系统部分与处于低电位的测量仪表和继电保护部分隔离开来,以保证设备和运行人员的人身安全。

13.3.1　电压互感器

电压互感器的工作原理、构造、接线方法与电力变压器相仿。电压互感器的一次绕组跨接(并联)在所需测量的电压上,互感器的负载则是并接在二次绕组上的仪表和继电器的电压线圈上。电压互感器实质上为一容量极小的降压变压器。

电压互感器的类型按结构分为:单相、三相三心柱和三相五心柱;按冷却方式分为干式、塑料浇注式和油浸式;按互感器的安装位置又分为户内式和户外式;按工作原理又可分为电磁式和电容分压式。

随着输电电压的升高,电磁式电压互感器体积越来越大,成本也越来越高。在110～500 kV中性点直接接地的系统中通常采用电容分压式电压互感器。图 13.6 为 220 kV 电压互感器的外形图。

电压互感器使用时二次侧不允许短路,而且二次侧必须有一端接地,用于保护和测量时要注意连接的极性。

13.3.2　电流互感器

电力系统中广泛应用的是电磁式电流互感器,它的工作原理也与变压器相似。它的结构主要特点是:一次线圈串联在一次主电路中,匝数很少(有的甚至只有一匝),而二次线圈匝数很多,并且二次侧所接的仪表和继电器等的线圈阻抗非常小,所以,在正常情况下,电流互感器的二次侧几乎是处于短路状态下运行的。在这种情况下二次电流是随一次电流按一定变比变

图 13.6　电磁式电压互感器　　　　图 13.7　电流互感器

化的,二次电流不受二次负载大小的影响。

　　电流互感器一般做成单相的,其类型结构按安装地点可分为户内式和户外式;按一次绕组匝数可分为单匝式和多匝式;按安装方式可分为穿墙式、母线式、支柱式和套管式;按绝缘方式可分为干式、浇注式和油浸式。

　　图 13.7 为 220 kV 电流互感器的外形图。

13.4　开关设备

　　发电厂和变电站中用量最大的电器是开关设备,它们的作用是用来接通或开断电路。根据它们功能的不同分为:

　　(1)高压断路器

　　高压断路器既能开断负载电流又能开断高达数百千安短路电流。

　　(2)隔离开关

　　隔离开关只起隔离电压的作用不需开断电流。

　　(3)负荷开关

　　负荷开关用来接通或开断负荷电流。

13.4.1　断路器

　　高压断路器是电力系统中最重要的开关设备。它除了要在正常情况下根据运行需要开断和闭合负载电流外,还必须能在电力系统发生短路故障时切断高达数百千安的短路电流。

　　高压断路器按灭弧方式不同分为油断路器、空气压缩断路器和六氟化硫(SF_6)断路器。

如图 13.8 所示,图(a)为 220 kV 支柱式六氟化硫(SF_6)断路器的外形,图(b)为其内部结构。它主要包括三个部分:开断部分、操动和传动部分、绝缘部分。

（a）

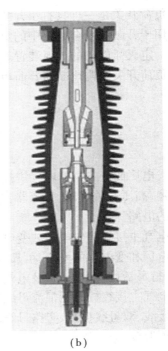
（b）

图 13.8　220 kV 支柱式六氟化硫断路器外形与结构

13.4.2　隔离开关

高压隔离开关是高压开关电器中最多的开关设备。它的作用是使在电力系统中运行的各种高压电器设备与电源之间形成可靠的绝缘间隔,以便对以退出运行的电器设备进行试验和检修。隔离开关一般装设在断路器两侧,要求它的触头必须暴露在空气中,有明显、清晰、可见的断开点,如图 13.9 所示。

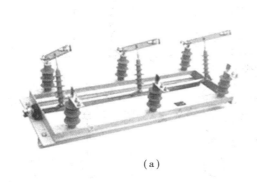
（a）

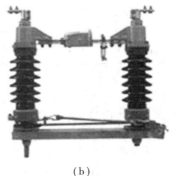
（b）

图 13.9　隔离开关的外形

由于隔离开关没有灭弧装置,所以不能用它断开负荷和短路电流,必须与断路器串联配合使用,在操作时必须按倒闸操作规则进行。

13.4.3　负荷开关

负荷开关是一种具有小开断容量的开关电器,主要用于 10～35 kV 的小容量配电系统中,专门用于开断和闭合电路中的负载电流或一定范围内的过载电流,因此,负荷开关上一般装有具有一定灭弧能力的灭弧装置。

负荷开关结构比断路器简单,一般也要求有与隔离开关一样的明显的断开点。

13.5　电气主接线方式

发电厂或变电站的电气主接线是由发电厂或变电站的所有高压电气设备(包括发电机、变压器、高压开关电器、互感器、电抗器、避雷器几线路等)通过连接线组成的用来汇集和分配电能的电路。

电气主接线是发电厂或变电站电气部分的主体,是电力系统网络结构的重要组成部分,它对发电厂和变电站的安全、可靠、经济运行起着重要的作用,它直接影响着供电可靠性、电能质量、运行灵活性、配电装置及电气二次接线和继电保护、自动装置的配电。

电气主接线按有无汇流母线划分为有母线接线、无母线接线两大类。有母线接线包括单母线接线、双母线接线、旁路母线的单母线和双母线接线;无母线接线包括单元接线、桥形接线和多角形接线。

13.5.1　有母线接线

(1)单母线接线

单母线接线的优点是接线简单、清晰,使用设备少,投资小,运行操作方便;主要缺点是可靠性和灵活性较差。如图 13.10 所示,这种接线仅适用于只有一台发电机和一台主变压器的中小型发电厂或变电站的 6～220 kV 的配电装置。

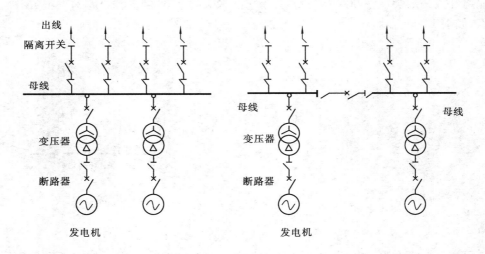

图 13.10　单母线接线　　　　　图 13.11　单母线分段接线

为了充分利用单母线接线的优点,克服其缺点,通常对单母线采取单母线分段接线(如图13.11 所示)和单母线分段带旁路母线接线(如图13.12 所示)来提高供电可靠性,缩小事故范围等,以扩大它的适用范围。

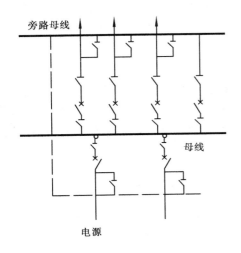

图 13.12　单母线分段带旁路接线

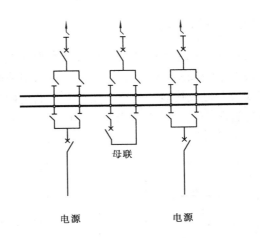

图 13.13　双母线接线

(2)双母线接线

双母线接线具有两组汇流母线,每回路通过一台断路器和两组隔离开关分别与两组汇流母线相连,两组汇流母线通过母线联络断路器(简称母联)相连,如图13.13 所示。

双母线接线的优点是:具有较高的可靠性,调度灵活,扩建方便。它的缺点是:接线复杂,设备多,造价高;配电装置复杂,经济性较差;特别是倒闸操作过程中,隔离开关作为操作电器,容易引起误操作,对实现自动化也不便。

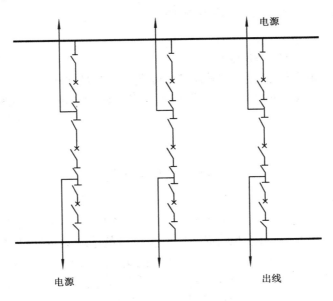

图 13.14　3/2 接线

(3)3/2 接线

随着发电机组单机容量的增大和超高压电压等级的出现,为了提高供电的可靠性和灵活性,出现了 3/2 接线方式。如图 13.14 所示,3/2 接线具有较高的可靠性和灵活性,在大型发电厂和变电站 330~500 kV 的超高压配电装置中得到广泛应用。

13.5.2　无母线接线

无母线接线主要是指桥形接线和角形接线。

桥形接线如图 13.15 所示。它接线简单清晰,使用电器少,造价低,比较容易发展成单母线接线或双母线接线。通常适用于具有两进两出回路的较小容量的发电厂和变电站,或者作为一种过渡接线。目前,随着电力科学技术的发展和新型设备的采用,在城网配电变电站广泛采用内桥接线。

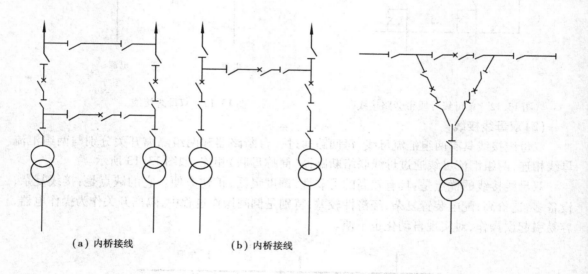

（a）内桥接线　　　　（b）内桥接线

图 13.15　桥形接线　　　　　　　　图 13.16　三角形接线

在角形接线中,隔离开关不作为操作电器,因此有较高的供电可靠性,运行灵活性及经济性,但继电保护整定复杂。通常角形接线用于不考虑扩建的水电站。如图 13.16 所示为三角形接线。

13.6　防雷保护

电力系统中的电气设备在运行中除承受正常的工作电压外,有时还会遭受操作过电压和雷电过电压。过电压的数值远超过工作电压,会使设备的绝缘寿命缩短,甚至直接破坏。避雷器是用来限制过电压的一种主要保护电器,广泛用于电力系统中保护变压器、旋转电机、电缆、电容器组等发、变、用等电器设备的绝缘,它是发电厂、变电站防雷保护的基本措施之一。

图 13.17 为各电压等级中广泛使用的各种避雷器外形。

避雷器与被保护的电气设备并联,其放电电压应低于被保护设备的耐压值。当线路上有雷电波侵入时,首先击穿避雷器对地放电,从而保护了设备的绝缘。

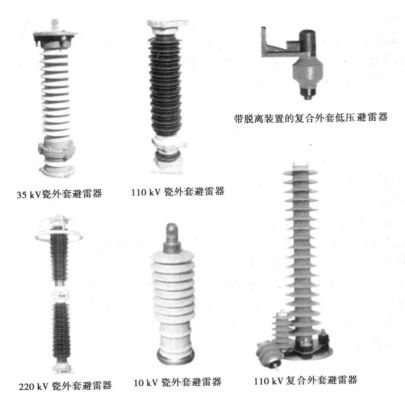

带脱离装置的复合外套低压避雷器

35 kV 瓷外套避雷器　　110 kV 瓷外套避雷器

220 kV 瓷外套避雷器　　10 kV 瓷外套避雷器　　110 kV 复合外套避雷器

图 13.17　各类避雷器

13.7　变电站的运行维护

　　发电厂和变电所要随时监视其设备正常运行或不正常运行的状态、开关的投入与切除、保护的动作与否、自动化装置的运行情况等。

　　为了完成以上所述功能与任务,发电厂和变电所控制室中通常装有各种监视仪表,如电流表、电压表、功率表、频率表等,其中有的是作为运行记录用,有的只是为了监视越限情况。控制室内还装有灯光监视信号,如表示断路器的通、断位置的红、绿灯指示,表示断路器自动跳闸的绿灯闪光,表示断路器自动合闸的红灯闪光的指示,以及提醒值班人员注意有不正常情况的光字牌。此外,还有音响信号,如表示断路器跳闸的蜂鸣器(当蜂鸣器发生音响的同时相应断路器的红灯灭,绿灯闪光);表示设备运行不正常的电铃音响(同时相应的光字牌也亮,显示出设备的不正常状态。这类显示不正常运行状态的预告信号又分瞬时预告信号和延时预告信号两种。凡是不需值班人员参与,不正常状态可能自行消除的(如短时过负荷),采用延时发信号。有的不正常状态不会自行消除(如二次回路中熔断器熔断),并且须立即发出信号。

　　为了消除长时间的音响信号影响值班人员的紧张情绪,设有中央手动或延时自动音响解除电路。当音响解除后,可以根据灯、光字牌信号或继电保护装置中的信号继电器的掉牌来判断,做出相应的处理措施。

发电厂和变电所的控制对象主要是高压断路器,其控制多用集中控制方式,即在控制室内用控制开关(或按钮)通过控制回路对远方的断路器进行操作,要求操作回路既能远方手动跳、合断路器,又能由继电保护装置和自动化装置跳、合断路器,断路器的动作完成后,应将相应的位置信号回送到控制室,以供值班人员监视。

复习思考题

13.1 变电站在电力网中的任务是什么?

13.2 变电站中有哪些主要电气设备?

13.3 简要说明变压器的基本工作原理。

13.4 电力变压器有哪些主要部件?各部件的作用是什么?

13.5 电力系统中仪用互感器的任务是什么?

13.6 开关设备的作用是什么?各种开关设备在功能上有什么不同?

13.7 发电厂或变电站的电气主接线是由哪些电气设备构成?

13.8 发电厂或变电站的电气主接线形式如何分类?

13.9 避雷器的作用是什么?

第**14**章
送电线路

14.1 概　述

　　电力线路的作用是传输电能,按其结构可分为架空线路和电缆线路两大类。按其传输电流的性质分为交流输电线路和直流输电线路。

14.2 架空线路

　　架空线路架设在户外地面上空,它由导线、避雷线、杆塔、绝缘子及金具等元件组成。

图 14.1　架空线路的组成

14.2.1　导线和避雷线

导线的作用是传输电能,避雷线的作用是将雷电流引入大地,保护电力线路免受雷击,因此,它们都应有较好的导电性能。同时导线和避雷线均架设在户外,除了要承受导线自身重力、风压、冰雪及温度变化等产生的机械力作用外,还要受空气中有害气体的化学腐蚀作用。所以,导线和避雷线还应有较高的机械强度和抗化学腐蚀能力。

导线常用的材料有铜、铝、和铝合金等。导线的种类有:铜绞线、铝绞线、钢芯铝绞线,这些种类的导线使用较广泛。在 220 kV 及以上的线路中还有扩径导线和分裂导线。避雷线则一般用钢线。

14.2.2　杆塔

杆塔是用于支持导线和避雷线。杆塔的类型很多,分类的方法也各不相同。杆塔按导线在杆塔上的排列方式不同分类。如一般单回线路采用"上"字形、三角形和水平排列方式。杆塔按所承担的任务可分为:直线杆塔、耐张杆塔、转角杆塔、终端杆塔、跨越杆塔、换位杆塔。如图 14.2 所示为 220 kV 的输电线路及杆塔,导线的排列方式为水平排列、导线为双分裂。

图 14.2　220 kV 的输电线路及杆塔

14.2.3　绝缘子

绝缘子是用来支持或悬挂导线,并使导线与杆塔绝缘,它必须具有良好的绝缘性能和足够的机械强度。绝缘子按形状不同可分为针式绝缘子、悬式绝缘子、瓷横担绝缘子及棒型绝缘子,如图 14.3 所示。按材料不同可分为瓷质绝缘子、钢化绝缘子和硅橡胶合成绝缘子等。

14.2.4　金具

金具是用来组装架空线路的各种金属零件的总称,其品种繁多,用途各异。金具按其用途大致可分为线夹、连接金具、接续金具、保护金具等几大类。

图 14.3　绝缘子、线夹

线夹的作用是将导线和避雷线固定在绝缘子和杆塔上,用于直线杆塔和悬式绝缘子串上的线夹称为悬垂线夹。用于耐张杆塔和耐张绝缘子串上的线夹称为耐张线夹。

连接金具的作用是将绝缘子连接成串,或将线夹、绝缘子串、杆塔横担之间相互连接。

接续金具的作用是将两段导线或避雷线连接起来,如图 14.4 所示。

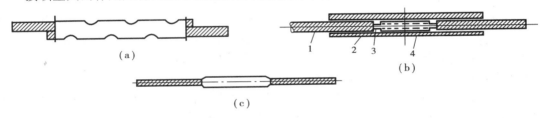

图 14.4　接续金具
(a)钳接管连接铝线;(b)压接管连接钢芯铝线;(c)爆炸压接的导线接头
1—钢芯铝线;2—铝压接管;3—钢芯;4—钢压接管

保护金具有防震保护金具和绝缘保护金具两大类。防震保护金具是用来保护导线或避雷线因风引起的周期性震动而造成的损坏。如护线路、防震锤、阻尼线等。绝缘保护金具悬重锤可减小悬垂绝缘子串的偏移,防止其过分靠近杆塔,以保持导线和杆塔之间的绝缘,如图 14.5 所示。

14.3　电缆线路

随着城市建筑物和人口密度的增加,大都市的中低压架空裸线配电系统已暴露出许多问题。为了降低架空输电线路系统的故障率,国家电力部门参照国外架空电网改造和输电线路运行的经验,规定城市电力网的输电线路与高、中压配电线路在下列情况下必须采用电缆线路。

①根据城市规划,繁华地区、重要地段、主要道路、高层建筑区及对市容环境有特殊要求的场合。

②架空线路和线路导线通过严重腐蚀地段,在技术上难以解决者。

③供电可靠性要求较高或重要负荷用户。

④重点风景旅游区。

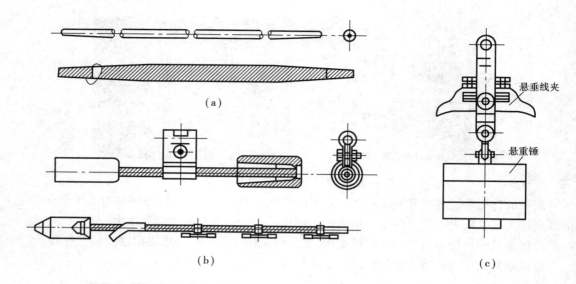

图 14.5　几种保护金具

（a）护线条；（b）防震锤；（c）悬重锤

⑤沿海地区易受热带风暴侵袭的主要城市的重要供电区域。

⑥电网结网或运行安全要求高的地区。

由一根或数根导线绞合而成的线芯、相应包裹的绝缘层和外加保护层三部分组成的电线称为电缆。用于电力传输和分配大功率电能的电缆,称为电力电缆。

14.3.1　电缆

电缆的导体是用来传导电流的,通常用多股铜绞线或铝绞线,以增加电缆的柔性。根据电缆中导体数量的不同,可分为单芯、三芯和四芯电缆。

电缆的绝缘层是用来使导体之间及导体与包皮之间绝缘的。使用的材料有橡胶、沥青、聚乙烯、聚丁烯、棉、麻、绸缎、纸、浸渍纸、矿物油、植物油等,一般多采用油浸纸绝缘。

电缆的保护层是用来保护绝缘层的,使其不受外力损伤,防止水分浸入或浸渍剂外流。保护层分为内护层和外护层,内护层由铝或铅制成,外护层由内衬层、铠装层和外被层组成,如图14.6所示。

14.3.2　电缆线路

电力电缆线路主要由电缆、电缆附件及线路构筑物三部分组成。但有些电缆线路还带有配件,如压力箱、护层保护器、交叉互联箱、压力和温度示警装置等。

电缆附件指电缆线路中除电缆本体外的其他部件和设备,如中间接线盒、终端盒、电抗器,高压充油电缆线路中的塞止接头盒、绝缘连接盒、压力箱,高压充气和压力电缆线路中的供气和施加压力设备等。

线路构筑物指电缆线路中用来支持电缆和安装电缆附件的部分,如引入管道、电缆杆、电缆井及电缆进线室等。

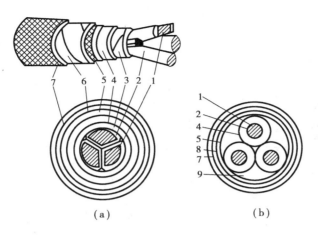

图 14.6　电缆结构示意图

1—导体;2—相绝缘;3—纸绝缘;4—铅包皮;5—麻衬;
6—钢带铠甲;7—麻被;8—钢丝铠甲;9—填充物

14.4　直流线路

随着高电压、大电流电力电子器件的迅速发展,在电力系统中应用电力电子技术的基础条件已经具备,直流输电在 20 世纪初期就已经得到应用。

在导线截面相同、输送功率基本相等时直流输电的有色金属消耗量会比交流输电节省 1/3。用架空线的直流线路杆塔载荷小,所占线路走廊也较窄,当造价相同时直流输电的输电能力是交流的 1.5 倍。

此外,直流输电导线的线损也较交流小 1/3。直流无集肤效应,因而线损还可以进一步降低。此外,直流的电晕损耗也较小,由于电晕产生的无线电干扰也比交流输电小。

当用电缆时,同等绝缘直流的允许工作电压比交流大 3 倍。同样的线路用于直流时可提高输电能力 1.8 ~ 2.5 倍。对于必须用电缆的输电线路(海底电缆),直流方案可能比交流方案经济得多。

复习思考题

14.1　电力线路的作用是什么? 按结构如何分类?

14.2　架空线路的构成及各部分作用如何?

14.3　在什么情况下需采用电缆线路?

14.4　电缆构造包括哪几部分?

14.5　直流线路与交流线路相比有哪些优点和缺点?

第15章
电力系统

15.1 概　述

电力系统是电能的生产、输送、分配和消费的各环节组成的一个整体。与别的工业系统相比较,电力系统的运行具有如下的明显特点。

(1)电能不能大量储存

目前尚不能大量地、廉价地储存电能,即发电厂发出的功率必须等于该时刻用电设备所需的功率、输送和分配环节中的功率之和。

(2)电力系统的暂态过程非常短暂

电力系统从一种运行状态到另一种运行状态的过渡极为迅速。

(3)供电的突然中断会带来严重的后果

根据这些特点,对电力系统运行的基本要求是:保证供电的安全可靠性;保证良好电能质量;保证电力系统运行的经济性。

15.2 供电可靠性

保证安全可靠的发、供电是电力系统运行的首要要求。在运行过程中,供电的突然中断大多由事故引起。必须从各个方面采取措施以防止和减少事故的发生。例如,要严密监视设备的运行状态和认真维修设备,以减少事故发生的可能;要不断地提高运行人员的技术水平,以防止人为事故。为了提高系统运行的安全可靠性,还必须配备足够的有功功率电源和无功功率电源;完善电力系统的结构,提高电力系统抗干扰的能力,增强系统运行的稳定性;利用现代化通信技术和计算机技术对系统的运行进行安全监视和控制等。

15.3　电能质量

电压和频率是电气设备设计和制造的基本技术参数,也是衡量电能质量的两个基本指标。我国采用的额定频率为 50 Hz,正常运行时允许的偏移为 ±0.2 ～ ±0.5 Hz。用户供电电压的允许偏移约为额定值的 ±5%。电压和频率超出允许偏移时,不仅会造成废品和减产,还会影响用电设备的安全,严重时甚至会危及整个系统的安全运行。

频率主要决定于系统中的有功功率平衡,系统发出的有功功率不足,频率就降低。电压则主要取决于系统中的无功功率平衡,无功功率不足时,电压就偏低。因此,要保证良好的电能质量,关键在于系统发出的有功功率和无功功率都应满足在额定电压下的功率平衡要求。电源要配置得当,还要有适当的调整手段。

15.4　经济运行

电能生产的规模很大,消耗的能源在国民经济能源总消耗中占的比重很大,而且电能又是国民经济的大多数生产部门的主要动力。因此,提高电能生产的经济性具有十分重要的意义。

为了提高电力系统运行的经济性,必须尽量降低发电厂的煤耗率(水耗率)、厂用电率和电力网的损耗率。这就是说,要求在电能的生产、输送和分配过程中减少损耗,提高效率。为此,应做好规划设计,合理利用能源;采用高效率低损耗设备;采取措施降低网损;实行经济调度等。

在电力系统中,提供优质、可靠、经济的电能三个方面的要求是互相联系,相互制约的。一个不安全的系统是谈不上优质和经济的。电能质量差的系统也不会是安全和经济的。但是有时候安全和优质的要求也可能同经济性发生矛盾。因此,对于一个具体的系统,在采取措施以满足上述三个方面的要求时,要有全面的考虑。

15.5　电力系统调度

电网是一个庞大的产、供、销电能的整体。根据电力生产的特点,电网中的每一个环节都在调度机构的统一指挥下,随用电负荷的变化协调运行。如果电网没有统一的组织、指挥和协调管理,电网就难于维持正常的运行,更谈不上经济性。因此,现代电网都必须实行统一调度、分级管理的原则。

在形式上,统一调度表现为在调度业务上,下级调度必须服从上级的指挥。

分级管理是根据电网分层的特点,为了明确各级调度机构的责任和权限,有效地实施统一调度,由各级电网调度机构在其调度管辖范围内具体实施电网调度管理的分工。

调度的任务主要有:

①尽设备最大能力满足负荷的需要;

②使整个电网安全可靠运行和连续供电；

③保证电能质量；

④经济合理利用能源；

⑤按照有关合同或协议,保证发电、供电、用电等各有关方面的合法权益。

15.6　电力通信

电力通信网是电网重要的组成部分,是实现电网调度自动化和管理现代化的基础。电力通信网为电网生产运行、管理、基本建设等方面服务,要满足调度电话、行政电话、电网自动化、继电保护、安全自动装置、计算机联网、仿真、图像传输等各种业务的需要。

15.6.1　电力通信网

电力通信网包括三个子系统:

(1)调度通信子系统

调度通信子系统为电网调度服务,保证电力生产过程中各级调度之间与其管辖的电厂和变电站之间建立直达通信电路。

(2)数据通信子系统

现代电网中,计算机已经广泛应用于电力生产过程中的安全监视数据、远动数据、生产调度数据、水文预报数据的收集和处理等。火电厂、水电厂、供电局和有关变电站发供电的运行数据,通过通信电路传送到调度中心,经过计算机和电网自动装置加以处理,调度中心根据处理结果指挥电网安全发供电。

(3)交换通信子系统

交换通信子系统为电力生产、基建和管理部门之间的信息交换服务。

15.6.2　电力通信方式

电力通信网按传递信息的信道不同分为:有线通信和无线通信两大类。

(1)有线通信

有线通信是利用导线来传递信息,根据导线结构的不同又分为:明线通信、电缆通信、电力线载波通信和光纤通信等方式。

(2)无线通信

无线通信是用无线电波传递信息,根据无线电波频率不同可以分为长波、中波、短波和微波等通信方式。

目前在电力通信网中主要的通信方式有:明线通信、电缆通信、电力线载波通信、光纤通信和微波通信。

15.7　继电保护

电力系统运行的过程中,由于载流导体的绝缘老化,遭受机械损伤,风灾,火灾,鸟兽动物危害,雷击,过电压以及运行人员的误操作等,都会造成电力系统的相间和相对地短路。如图15.1 为线路发生短路故障的情况。

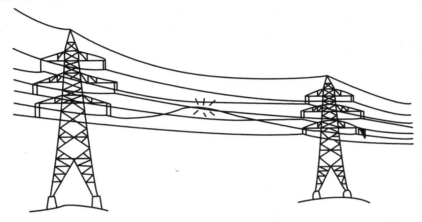

图 15.1　输电线路发生短路故障

电力系统一旦发生短路,短路电流可能达到该回路额定电流的几倍、十几倍甚至几十倍,如此大的电流产生的热效应可能使导体熔化,使电气设备的绝缘破坏或烧毁;大的短路电流将引起电网的局部电压突然降低,从而影响电气设备的正常运行,严重时,甚至破坏同步发电机组的并列运行,造成系统解列和电压崩溃,导致大面积的停电;大的短路电流将使电气设备遭受很大电动力的冲击,致使导体变形、扭曲,甚至损坏;不对称短路所产生的不平衡交变电磁场,对于高压输电线路周围的通信网络、信号系统、晶闸管触发系统以及自动控制系统等将产生严重的电磁干扰。

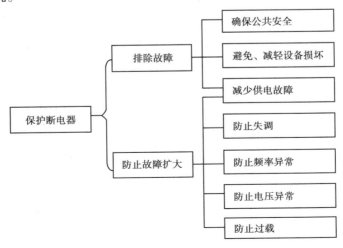

图 15.2　继电保护的功能与作用

为了尽快地发现不正常运行情况和故障,并迅速地切除产生故障的电力元件,保证发电厂和变电所的安全运行,在发电厂和变电所内都装有继电保护装置。

继电保护装置的主要作用是:当被保护的电力元件发生故障时,能自动、迅速、有选择地将故障元件从运行的电能系统中切除分离出来,避免故障元件继续遭受损害。同时,保证无故障部分能迅速恢复正常。当被保护元件出现异常运行状态时,继电保护装置能发出报警信号,以使值班运行人员采取措施恢复正常运行。某些反应异常运行状态的继电保护装置,还可根据人身和设备安全的要求动作于跳闸。

继电保护装置是由不同类型的继电器和其他辅助元件,根据保护的对象按不同的原理构成的自动装置。它能反映电力系统中电气元件发生的故障或异常运行状态,并动作于断路器跳闸或发出信号。随着现代科学技术的发展,晶体管、集成电路及计算机的应用,继电保护已扩展为由晶体管、集成电路或计算机等构成的能完成以上任务的综合型自动化装置。

复习思考题

15.1　电力系统运行的特点有哪些?

15.2　对电力系统运行的要求有哪些?

15.3　什么是电力系统的供电可靠性?

15.4　衡量电力系统电能质量的指标有哪些? 各是怎么要求的?

15.5　电力调度的主要任务是什么?

15.6　电力通信网三个子系统的作用是什么?

15.7　电力通信网中主要的通信方式有哪些?

16.1 用电安全技术

16.1.1 安全标示牌

标示牌有明显的标记,其作用是警告工作人员不得接近带电部分,指出工作人员的正确工作地点,提醒工作人员采取安全措施,禁止向某段线路或设备送电以及指出接地位置等。严禁工作人员在工作中移动或拆除遮栏、临时接地线和标示牌。标示牌式样有统一规定。

标示牌共有七种四类,使用时选择字样应合适,悬挂的位置应正确,并与实际运行状态相符。

(1)禁止类

"禁止合闸,有人工作!":悬挂在刀闸的操作手柄上。经合闸即可送电到工作地点或施工设备的开关和刀闸的操作手柄上。

"禁止合闸,线路有人工作!":悬挂在停电检修线路的开关和刀闸的操作手柄上。

"禁止攀登,高压危险!":悬挂在临近工作人员上下的铁架和可能上下的另外铁架上,运行变压器的梯子上。

(2)警告类

"止步,高压危险!":悬挂在施工地点附近带电设备的遮栏上、室外工作地点的圈栏上、禁止通过的过道上、高压试验地点的围栏上、工作地点临近带电设备的横梁上。

(3)提醒类

"已接地!":悬挂在已接地线的刀闸操作手柄上。

(4)许可类

"在此工作!":悬挂室内和室外工作地点或施工设备上。

"从此上下!":悬挂在工作人员上下的铁架、梯子上。

16.1.2 触电的危害及触电方式

(1)电流对人体伤害的分类

1)电击伤

人体触电后,由于电流通过人体的各部分而造成内部器官上的生理变化,如呼吸中枢麻痹、肌肉痉挛、心室颤动、呼吸停止等,称为电击伤。

2)电伤

当人体触电时,电流对人体外部造成的伤害,如电烙印、皮肤金属化等,称为电伤。

(2)电流对人体的危害

电流对人体的危害是多方面的,电流通过人体时,它的热效应会造成电灼伤,它的化学效应会造成电烙印和皮肤金属化,它产生的电磁场能量对人的辐射作用,会导致头晕、乏力和神经衰弱等症。

电流危害的程度与通过人体的电流强度、持续时间、电压、频率、通过人体的途径及人体健康状况等因素有关。下面对各种不同因素的影响加以讨论。

1)不同电流强度对人体的影响

通过人体的电流强度越大,人体的生理反应越明显,感觉越强烈,从而引起心室颤动,需要的时间越短,致命的危险程度越大。

按照电流强度的不同,通过人体时的生理反应可将电流大致分为感觉电流、摆脱电流和致命电流。

在较短时间内,危及生命的最小电流值称为致命电流。一般情况下,通过人体的工频交流电流超过 50 mA 时,心脏就会停止跳动,导致昏迷,并出现致命的电灼伤。工频交流电流值 100 mA 通过人体时,很快使人致命。

2)电流的持续时间对人体的影响

电流对人体的伤害程度与电流通过人体的时间长短有关。电流通过人体时,由于人体发热出汗和电流对人体组织的电解作用,电流通过人身时间越长,使人体电阻逐渐降低,在电源电压一定的情况下,会使电流增大,对人身组织的破坏更加剧烈,后果更为严重。

3)作用于人体的电压对人体的影响

当人体电阻一定时,作用于人体的电压越高,通过人体的电流则越大。实际上通过人体的电流强度并不与作用于人体上的电压值成正比。这是因为随着作用于人体的电压升高,人体的电阻急剧下降,致使电流迅速增加而对人体的伤害程度更为严重。

4)电源频率对人体的影响

常用的工频 50~60 Hz 交流电流对人体的伤害程度最为严重,频率偏离工频越远,交流电流对人体的伤害程度越轻。在直流和高频情况下,人体可承受更大的电流值,但高压高频电流对人体伤害依然十分危险。

5)人体电阻的影响

人体电阻基本上按表皮角质层电阻大小而定,但由于皮肤状况,触电时与带电体的情况不同,故电阻也有所不同。如皮肤厚薄不同,皮肤是否潮湿多汗,有无损伤,有无带电的粉尘,触电者皮肤与带电体的接触面积及接触压力大小等因素,均会影响人体电阻值的大小。

人体电阻主要包括人体内部电阻和皮肤电阻,人体内部电阻是固定不变的,并与接触电压和外部条件无关。约为 500 Ω,皮肤电阻一般是指手和脚的表面电阻,它随皮肤的清洁干燥程度及接触电压等发生变化。

正常活动范围与带电设备的安全距离见表 16.1。不同条件下的人体电阻值见表 16.2。

表 16.1　正常活动范围与带电设备的安全距离

电压等级/kV	安全距离/m	电压等级/kV	安全距离/m
10 以下(13.8)	0.35	154	2.00
20~35	0.60	220	3.00
44	0.90	330	4.00
60~110	1.50		

表 16.2　不同条件下人体电阻值

接触电压/V	皮肤电阻/Ω			
	皮肤干燥①	皮肤潮湿②	皮肤湿润③	皮肤浸入水中④
10	7 000	3 500	1 200	600
25	5 000	2 500	1 000	500
50	4 000	2 000	875	440
100	3 000	1 500	720	375
200	1 500	1 000	650	325

注:①干燥场所的皮肤,电流途径为单手双脚;②潮湿场所的皮肤,电流途径为单手双脚;
③有水蒸气,特别潮湿场所,电流途径为双手双脚;④游泳池或浴池中的情况,基本为
人体内阻。

6)电流通过不同途径的影响

电流通过人体的头部会使人昏迷而死亡;电流通过脊髓,导致截瘫及严重损伤;电流通过中枢神经或有关部位,会引起中枢神经系统强烈失调导致死亡;电流通过心脏会引起心室颤动,致使心脏停止跳动,造成死亡。因此,电流通过心脏、呼吸系统和中枢神经时,危险性最大。实践证明从左手到脚是危险的电流途径,因为在这种情况下,心脏直接处在电路中,电流通过心脏、肺部、脊髓等重要器官。从右手到脚的途径的危险性较小,但一般也能够引起剧烈痉挛而摔伤,导致电流通过人体全身和造成摔伤。电流途径与通过心脏电流的百分比关系见表 16.3。

表 16.3　电流途径与通过人体心脏电流的百分数

电流途径	左手至双脚	右手至双脚	右手至左手	左脚至右脚
通过心脏电流的百分数/%	6.7	3.7	3.3	0.4

7)人体的健康状况

人体的健康状况和精神正常与否是决定触电伤害程度的内在因素。一个患有心脏病、结核病、精神病、内分泌器官疾病或酒醉的人,由于自身的抵抗力差,并可能诱发原来的疾病,在

同一条件的情况下触电,后果比一个身体健康或经常从事体力劳动和体育锻炼的人触电后果更为严重。

16.2 消防与触电急救

16.2.1 触电急救

(1)触电者脱离电源方法

发现有人触电后应立即进行抢救,使触电者迅速脱离电源。脱离电源有以下几种方法。

低压触电脱离电源的方法:

①断开与触电者有关电源。如拉闸,拔插头、保险,断线等。

②用绝缘物排开触电者脱离电源。如用木棒,绝缘材料(棒、管),绝缘导线,干燥的绳子,皮带套拉,戴绝缘手套拉开触电者,用电工钳夹住触电者的衣服,拉开触电者脱离电源等。

③短路法。适用于低压架空线路裸线和低压电气设备有熔断器、断路器保护的情况下采用此种方法。如金属线抛掷到裸架导线上,造成短路,开关跳闸,熔丝熔断切断电源,或用斧子将三相绝缘导线同时砍断,造成短路,开关跳闸,熔丝熔断切断电源。

(2)触电后的临床表现

由于人体的健康状况不同,触电方式、触电电压、触电时间的不同,对人体造成的损害也不同。一般触电后触电者的情况分为以下几种:

1)全身表现

①轻型:精神紧张,面色苍白,表情呆滞,呼吸心跳加快,甚至出现短暂神志丧失,但很快可恢复。恢复后有肌肉疼痛,疲乏无力,头痛等症状。

②中型:惊恐,心慌,肌肉痉挛,神志丧失,呼吸加快,心率增快,心律不齐,血压下降等。

③重型:神志丧失,颈动脉搏动消失,心音消失,呼吸不规则或停止,面色、口唇苍白或绀紫,瞳孔散大、固定,对光反射消失。人的心跳、呼吸停止超过 $4\sim6$ min,则脑组织出现不可逆的损失,有时触电后,肌肉强烈痉挛,特别是喉部肌肉痉挛,也可以导致窒息而死亡。

2)局部表现

①电灼伤:因电压高低等情况不同,可造成不同程度的电灼伤。一般低压电流的电灼伤面小,高压电灼伤面大,伤口深,多呈干性伤面,有时可见电伤烙印。

②外伤:因触电后跌倒或高空坠落可造成颅、胸、腹部及脊柱、四肢等处的损伤,如内脏损伤,出血骨折等。

(3)现场心肺脑复苏

遇到触电者,抢救工作应争分夺秒,使触电者迅速脱离电源后,立即判断是否出现心跳呼吸骤停,一经确认,立即进行施救。

首先应迅速将触电者体位摆好,撤掉枕头,并清理口腔内食物、血块、假牙等异物。

1)打开气道

触电者神志丧失后,全身肌肉张力下降,舌肌松弛,舌根后坠,贴在咽后壁,造成上呼吸道梗阻。所以,必须先打开气道,以解除上呼吸道梗阻。打开气道有三种方法。

图 16.1 双人抢救法

①仰头托颌法:抢救者跪或站在触电者头部一侧,一手放在触电者颈后,将其颈部托起,另一手下压额即可。

②仰头掌颌法:抢救者一手食、中指放在颈部并上提,另一手放在触电者前额下压即可。

③拉颌法:抢救者站或跪在触电者头部,用双手固定两侧颌角,并向上提起,此法适用于疑有颈椎损伤者。

2)口对口吹气

打开气道后,如触电者无呼吸,抢救者应立即深呼吸 2~3 次,张大嘴严密包绕触电者的嘴,同时手放在额头,拇指、食指捏紧其双侧鼻孔,连续向肺内吹气 2 次,吹后应放松双侧鼻孔,每次吹气在 900~1 100 mL,吹气 12 次/min。吹 2 s 放松 3 s。吹气和放松时,应观察胸廓有无明显的起伏。吹气量小于 800 mL,将造成通气不足,吹气量大于 1 200 mL,将使胃内压力增高而导致胃容物返流,使上呼吸道梗阻。触电者额部粉碎性骨折或口腔内血块凝固,无法吹气时,可采用口对鼻吹气法。

3)胸外心脏按压

口对口吹气 2 次后,立即检查颈动脉是否搏动,如无搏动,迅速进行胸外心脏按压。方法如下:

①按压位置:抢救者站或跪在触电者胸部一侧,用中指沿触电者肋弓下缘向上移至剑突上横二指处,食指与中指并拢,另一手掌根部放在触电者胸骨上,紧贴前一手食指,再将一手重叠其上,不得交叉,而且手指抬起,不得贴附胸壁。位置错误可造成被抢救者肋骨骨折,肝脏破裂或胃内压力增加而导致胃内容物返流。

②按压姿势:抢救者双手重叠,两臂伸直,肘关节不得弯曲。身体略前倾,肩部正对胸骨用上体的重量垂直下压胸骨。

③按压方式:按压要有节律地进行,不得中断,按压深度约 4 cm,60~80 次/min(下压与放松时比为 1:1)。

④单人抢救法:由一人完成抢救时,按压与吹气比为 15:2,即每按压 15 次,吹气 2 次,如此循环。

⑤双人抢救法:由两人完成抢救时,一人按压,另一人进行口对口吹气。按压与吹气比为 5:1,即按压 5 次,吹气 1 次。如此循环,如两人交换位置或换其他人时,不得打破原有节律。必要时,按压停止,时间不得大于 5 s。双人抢救见图 16.1。

（4）抢救有效特征

可触到颈动脉搏动；可测到血压；面色由苍白变红润；瞳孔对光反射恢复；躁动；出现自主心跳；出现自主呼吸；神志恢复。

对触电者进行抢救时，不得间断，一直抢救到心跳、呼吸恢复或专业急救人员到来。

16.2.2　电气消防知识

用电单位发生电气火灾时，应立即组织人员和使用正确方法进行扑救，同时拨打119电话向公安消防部门报警，并且应该通知电力部门用电监察机构，由用电监察人员到现场指导和监护扑救工作。

用于扑灭电气火灾的灭火器材：

（1）二氧化碳灭火器

二氧化碳是一种扑救电气火灾的气体灭火剂，二氧化碳灭火器为液态筒装。当液态二氧化碳喷射时，体积扩大400～700倍，冷却凝结为霜状干冰，干冰在燃烧区直接变为气体，吸热降温并使燃烧物隔离空气，从而达到灭火目的。

（2）干粉灭火器

干粉灭火剂主要由钾或钠的碳酸盐类加入滑石粉、硅藻土等掺和而成，不导电。干粉灭火剂在火区覆盖燃烧物上受热产生二氧化碳和水蒸气，因其有隔热、吸热和阻隔空气的作用，故使燃烧物熄灭。干粉灭火器有人工投掷和压缩气体喷射两种。

（3）"1211"灭火器

二氟一氯一溴甲烷，简称"1211"，是一种高效、低毒、腐蚀性小、灭火后不留痕迹、不导电、使用安全、储存期长的新型优良灭火剂，特别适用于扑灭油类、电气设备、精密仪器仪表以及一般有机溶剂火灾，但近年来由于环保要求，因其有毒，现已停止使用。

使用上述灭火器材时，灭火机与带电体之间应保持以下安全距离：

①10 kV及以下，不小于1 m；

②110～220 kV，不小于2 m。

使用二氧化碳灭火器时，灭火机距火源2～3 m，扑救人员站在上风口，同时打开门窗加强通风，对准火源小心喷射，注意勿使干冰贴着皮肤造成冻伤。

电气火灾发生后，电气装置可能仍然带电，又因为电气设备绝缘可能损坏、导线落地等短路事故发生，在一定的范围内存在接触电压和跨步电压，所以扑救时必须采取相应的安全措施，以防止发生触电事故。

复习思考题

16.1　电流对人体的危害是什么？电流通过人体不同的途径会对人体造成什么影响？

16.2　触电者脱离电源的方法有哪些？

16.3　人体触电昏迷心跳骤停时，怎样实施心肺胸复苏徒手操作抢救？

16.4　电气防火防爆的措施主要有哪些？

第**17**章
电力行业管理模式与机构

17.1 我国电力市场的形式

17.1.1 电力市场

我国电力行业可分为国家、大区、省、地区及县五个层次。因此,我国电力市场的形式应为五级市场,即:国家级电力市场、网级电力市场、省级电力市场、地区级电力市场和县级电力市场。我国是在现行调度体制的基础上有计划地建立和发展电力市场,电力市场的结构是一种层次结构,如图 17.1 所示。

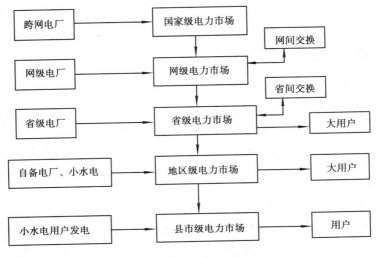

图 17.1 我国电力市场结构

17.1.2 电力管理机构

(1)电力公司

根据国家对垄断行业进行改革的总体部署,2002 年 3 月国务院批准了《电力体制改革方案》。在随后的《发电资产重组划分方案中》批复中,决定在原国家电力公司的基础上,成立了两家电网公司,5 家发电集团公司和 4 家辅业集团公司。其中,两家电网公司是国家电网公司、中国南方电网有限责任公司;5 家发电集团公司是中国华能集团公司、中国大唐集团公司、中国华电集团公司、中国国电集团公司和中国电力投资集团公司;4 家辅业集团公司是中国电力工程顾问集团公司、中国水电工程顾问集团公司、中国水利水电建设集团公司和中国葛洲坝集团公司。

我国电力新组建的 11 家公司正式宣告成立,实现了厂网分开,引入了竞争机制,这是我国电力体制改革的重要成果,它标志着电力工业在建立社会主义市场经济体制,加快社会主义现代化建设的宏伟事业中,进入了一个新的发展时期。

(2)区域电力监管机构

根据对电力体制改革的总体要求,国家电力监管委员会设立华北、东北、西北、华东、华中、南方 6 个区域电力监管局(简称电监局),并向有关城市派驻监管专员办公室。区域电监局的主要职责是:依据电监会授权,监管电力市场运行,规范电力市场行为,维护公平竞争;监管辖区内电力企业和电力调度交易机构;负责辖区内电力行政执法、行政处罚和行政诉讼等涉及的有关法律事务;负责辖区内电力安全和可靠性监管;负责辖区内电力市场统计和信息发布,管理辖区内电力业务许可证;依法查处辖区内电力企业违法违规行为。

区域电监局是国家电力监管委员会的派出机构,由国家电监会直接领导。

17.2　用电负荷及电业营业管理

17.2.1 用电负荷管理

发电厂在发电过程中的用电设备需要用电(尤其是火电厂),主要是风机、给水泵等用电设备用电,它们约占全厂用电的 2/3,其次是其他辅助生产的中、小型用电设备、变配电设备以及生活福利设施用电。发电厂的用电通常用"厂用电率"来衡量。发电厂的厂用电率约占全网发电量 7% ~9%(不含升压变压器损失),平均按 8%计算。所以,发电厂用电设备负荷管理和节约用电是非常重要的。

(1)输、变、配电设备负荷管理

输、变、配电设备负荷管理是构成电网的主要设备,其涉及面广,技术比较复杂,存在问题也较多。主要有主网网架比较薄弱,有些线路导线截面偏小,经常超经济电流运行,有时甚至还会短时超安全电流运行;全网无功补偿容量不足,布置不合理运行不正常;调压手段落后,城网和农网的电压等级、供电距离、导线截面等与负荷水平极不适应;电网改造所需资金不足,且不能落实;城网退役的高能耗设备流入农网再用;电费在用户产品中所占比重不大,使之对节电工作不重视等。由于上述原因,造成电网运行方式不合理、不灵活,电能质量(特别是电压质量)和用电可靠性得不到保证,不仅造成了电能的浪费,而且严重地威胁电网的安全运行,隐藏着更大的不经济因素。

输、变、配电设备的损耗用电网损失率,通常用所称的线损来表示。若包括用户管辖的设备在内,线损为发电量的 14% ~ 16%(不含用户用电设备的损失),如平均按 15% 计算,仍以 1993 年全国发电量 8 364 亿 kW·h 为例,则线损电量是 1 255 亿 kW·h,相当于一个 2 041 万 kW 电厂一年的发电量,其数量比厂用电更为可观,且纯粹是损失电量。因此,输、变、配电设备负荷也必须重视负荷管理和节电工作。

(2)用电负荷管理

除电力企业自身负荷之外的其他用电负荷构成用电负荷。由于这部分用电负荷是电力总负荷中的主要部分,所以对其管理更是重要。

用电负荷涉及国民经济和人民生活的各个行业及领域,所以面广、点多。由于思想观念的、历史的等多方面原因,造成用电负荷中的不少用电设备性能差、陈旧、生产工艺流程落后,电能利用率低。用电人员及用电管理人员素质不高,法制观念薄弱,管理水平低。同时,一些企业受眼前利益的驱动,节能和环保意识不强,造成电能严重浪费,存在的问题不少,亟待解决。

用电负荷的管理不仅关系电网安全、稳定地运行,同时,关系到电力企业与用户的眼前及长远利益,更关系到国家利益和全人类的生存环境,因此,加强用电负荷的管理意义重大。

用电负荷的管理首先应在国家健全的政策法规前提下,提高思想认识,完善监督机制。供用双方应共同努力,尤其是电力企业要深入到每个用电户中,详细了解和掌握各类用户的用电方式、用电特点,找出症结所在,才能有的放矢地将用电负荷管理中的问题解决好。

(3)供用电经济管理和法规管理

供用电经济管理和法规管理是用电负荷管理的重要内容。

1)供用电经济管理

供用电中的经济管理是运用经济杠杆作用与经济价值规律进行的管理,是供用电管理的重要手段之一。

丰枯电价:丰枯电价是利用河流的水量在一年中不同的季节水量不同的特点制定的电价。一年中水量大的季节称丰水期,水量小的季节称枯水期。由于丰水期水量大,为了充分利用水力资源,使之不发生弃水现象,鼓励丰水期多用电,制定的丰水期电价,它比枯水期电价便宜。枯水期水少,所以此时期的电价相对高。丰水期和枯水期电价均以基础电价为基准,在基础电价的基础上丰水期电价下调,枯水期电价上调。而基础电价是以所在电网当年报请国家批准的电能电价为基准。

峰谷电价:将一天 24 h 中分为峰、谷、平三个时段,其电价不同,称为峰谷电价。峰谷电价中峰段电价高于谷段电价,其目的是鼓励用户,尤其是各工业用户多在低谷期用电,避开高峰段用电,达到削峰填谷的目的。这样不仅缓解了高峰段负荷重的状况,而且提高了系统的负荷率,也为工矿企业节约了电费开支,降低了产品成本,更重要的是缓解了供电紧张状态,有利于电力系统安全、经济地运行。

2)供用电的法规管理

供用电双方目前应执行和遵守的法规主要有《中华人民共和国电力法》、《电力供应与使用条例》和《供电营业规则》。

17.2.2　电力需求侧管理

（1）需求侧管理简介

需求侧管理，英文为 Demand Side Management，简称 DSM，是 20 世纪 80 年代初由美国提出的一种在用户有效参与下，充分利用和挖掘能源资源的系统工程。由于它的作用显著，不但在美国得到广泛应用，世界各发达国家也结合本国国情迅速地被采纳推广。

DSM 本泛指能源的需求侧管理。由于电能是能源的重要组成，且有其特殊内涵，为叙述方便，本节所述 DSM 均专指电能的需求侧管理。作为概念，DSM 与习惯所说的负荷管理或调荷节电十分近似，但是，DSM 与以往所说的负荷管理或者调荷节电有很大区别。DSM 在观念认识、理论、做法和内容等方面都有新突破，它属于更高的层次。

DSM 明确提出：需求侧（用电户）也是重要的电力资源，它同供给侧（电网经营企业或者电力生产企业）一样，也具有资源的潜力、开发和有效利用等问题。把需求侧也视作资源，这是观念和理论上的创新。DSM 强调用户的有效参与，强调采取有效的激励和诱导措施，调动用户参与负荷管理的积极性，做到和用户共同实施用电管理，从而打破了以往那种行业、条块分割的局限。在内容上，DSM 在以往负荷管理的一些传统内容的基础上拓展到负荷的灵活可控，战略节电以及战略负荷开拓等新的领域。DSM 的理论、实践以及显著效果已经引起我国各级电力部门的关注和重视，对它的进一步了解、研究和实际应用亦正在逐步展开。

（2）DSM 的内容

DSM 的内容很多，而且各国都有各自的侧重，说明 DSM 的开展必须结合本国国情。现结合我国情况，择其要者介绍如下。

1）电价结构改革

电价结构（包括结构间的比价）即反映了不同用电方式下电力供给的不同成本，同时又为用户合理用电、节约用电提供指导。换言之，电价结构及其比价乃是指导用户合理用电、节约用电的重要信息，是推行 DSM 的主要经济手段。

我国电价存在问题较多，不仅电价机制尚未能形成，而且还存在重电价水平而轻电价结构的问题，在确定了一定的电价水平之后，未能及时地同步进行电价结构及其比价的调整，因此，充分发挥电价结构及其比价的调整是大有潜力可挖的，应是我国推行 DSM 工作的重点之一。

2）各种节电措施的推行

从国外资料看，各种节电措施的方式方法很多，不胜枚举，如推广使用节能电器，由电力公司补助用户等办法，在我国目前都还难于做到。解决的办法，除了争取从政策上创造一些条件外，有些省设立节电公司的做法不失为一种有效的途径。通过节电公司这样一种独立经营的经济实体和市场主体，投资于用电户的节电工程或技改项目，又从用电户节电的效益中收取回报，从而把前述那种被部门分割、地区分割、收支分割的状况连接起来，既解决了资金的不足，又形成了良性的循环机制。

3）战略性负荷的研究和推广

所谓战略性负荷，目前主要指那些可以移到夜间低谷时段用电，同时却又能为满足用户白天生产、生活需要的负荷。例如：电动汽车在夜间充电，白天行驶；电热水蓄热锅炉夜间电加热热水，白天取暖；冰箱储冷装置夜间制冰，白天供空调降温等。结合我国国情，储冰蓄冷会有一定的发展前景，它可以缓解大量增加空调对用电峰荷的冲击。

17.2.3　电业营业管理

电能是现代社会大量广泛使用的一种必不可少的能源形态,是发展国民经济的重要物质基础,它在国民经济中发挥着极其重要的作用。

电能的生产、传输、分配和使用过程实质上是把原油、原煤、天然气、水能、核燃料等自然界中以固有形态存在的一次能源转化为电能,这种二次能源通过传输、分配,再由各种用电装置按生产、生活的多种需要转化为机械能、热能、光能、电磁能、化学能等实用形态的能量加以利用的过程,即发电、输电、变电、配电、用电的全部过程。

电力是具有独特的生产流通网络的一种特殊商品,其生产、传输、销售和使用几乎是在同一瞬间完成的。随着科学技术的不断发展,现代电力系统正在逐步实现高参数、大容量、大电网、自动化管理,供电范围日益扩大,用电户数日益增多,因此,电力销售和用电管理显得越来越重要。

营业是经管业务的简称,电业营业管理是电力营销管理的主要部门之一,是电力营销管理工作中的重要环节,是电力企业生产经营重要组成部分。营业管理工作的主要任务是业务扩充、电费管理和日常营业处理。

复习思考题

17.1　我国电力市场的形式是什么?

17.2　用电负荷管理有哪些主要内容?

17.3　简要说明我国电力需求侧管理的内容。

17.4　电业营业管理的主要任务是什么?

附 录

附表1　我国电力工业主要技术经济指标

年 份	发电设备平均利用数/h	发电厂用电率/%	线路损失率/%	发电标准煤耗/g·(kW·h)$^{-1}$	供电标准煤耗/g·(kW·h)$^{-1}$
1952	3 800	6.17	11.29	727	—
1970	5 526	6.54	9.22	463	502
1975	5 197	6.23	10.13	450	489
1980	5 078	6.44	8.93	413	448
1985	5 308	6.42	8.18	398	431
1990	5 041	6.90	8.06	392	427
1995	5 216	6.78	8.77	379	412
1996	5 033	6.88	8.53	377	410
1997	4 765	6.80	8.20	375	408
1998	4 501	6.66	8.13	373	404
1999	4 393	6.50	8.10	369	399
2000	4 517	6.28	7.70	363	392
2001	4 588	6.24	7.55	357	385

附表 2　我国 1995—2002 年电能使用结构

年　份	全社会	生产性使用（亿 kW·h）							居民消费	
		第一产业		第二产业		第三产业				
		数量	比例/%	数量	比例/%	数量	比例/%	数量	比例/%	
1995	10 023.4	582.4	5.81	7 819.4	78.01	616.0	6.15	1 005.6	10.03	
1996	10 764.3	618.3	5.74	8 226.5	76.42	786.4	7.31	1 133.1	10.53	
1997	11 284.4	639.8	5.67	8 513.1	75.44	878.4	7.78	1 253.2	11.11	
1998	11 598.4	623.5	5.38	8 594.8	74.10	1 055.7	9.10	1 324.5	11.42	
1999	12 305.2	660.4	5.37	8 975.0	72.94	1 189.0	9.66	1 480.8	12.03	
2000	13 471.4	673.0	5.00	9 808.4	72.81	1 318.0	9.78	1 672.0	12.41	
2001	14 633.5	762.4	5.21	10 589	72.37	1 442.3	9.86	1 839.2	12.57	
2002	16 200.0	780.0	4.81	11 830	73.02	1 610.0	9.94	1 980.0	12.22	

注：第一产业为农、林、牧、渔、水利业。

附表 3　我国电力历年人均指标

年　份	人均国民生产总值（元/人）	人均装机容量（kW·h/人）	人均发电量（kW·h/人）	人均净用电量（kW·h/人）	人均生活用电量（kW·h/人）
1952	—	0.003 4	12.4	10.8	—
1970	—	0.028 6	139.7	116.9	—
1975	—	0.047 0	211.9	169.8	—
1980	452.9	0.066 7	304.5	254.6	—
1985	808.5	0.082 2	388.0	329.1	—
1990	1 547.7	0.120 6	543.3	458.9	40.4
1995	4 767.0	0.179 3	831.4	694.4	82.9
1996	5 539.3	0.193 3	881.9	737.0	93.0
1997	6 048.2	0.205 7	917.4	763.2	101.4
1998	6 373.9	0.222 2	927.6	773.0	111.2
1999	6 516.9	0.237 3	979.4	814.7	116.7
2000	7 062.9	0.252 3	1 081.1	915.2	132.1
2001	7 516.7	0.265 3	1 162.7	995.2	144.1

附表 4　1996 年一些国家发电量和装机容量构成

序号	国　家	发电量/(亿 kW·h)	所占比例/%			装机容量/万 kW	所占比例/%		
			水电	火电	核电		水电	火电	核电
1	美国	34 599.7	10.0	70.5	19.5	78 350.2	12.5	74.6	12.9
2	中国	10 793.6	17.3	81.4	1.3	23 654.2	23.5	75.6	0.9
3	日本	10 121.5	8.8	61.3	29.9	23 373.7	19.0	62.7	18.3
4	俄罗斯	8 472.0	19.5	68.8	11.7	21 085.7	20.7	69.2	10.1
5	加拿大	5 557.1	63.5	20.8	15.7	11 361.2	58.0	27.6	14.4
6	德国	5 444.4	4.9	65.5	29.6	11 544.3	7.7	72.5	19.8
7	法国	4 840.0	13.3	8.6	78.1	12 074.0	20.8	23.5	55.7
8	印度	4 323.4	17.0	81.1	1.9	9 680.3	21.8	75.9	2.3
9	英国	3 273.5	1.4	71.3	27.3	7 046.0	5.8	76.6	17.6
10	巴西	2 898.2	91.7	7.5	0.8	6 075.6	87.3	11.6	1.1
11	意大利	2 414.1	19.5	80.5	0	6 814.6	29.2	70.8	0
12	韩国	2 275.5	2.3	65.2	32.5	3 923.9	7.9	67.6	24.5

附表 5　世界发电量和装机容量的地区分布

年份 / 地域	1980	1985	1990	1996
发电量(亿 kW·h)				
非洲	1 884	2 315	3 188	3 715
北美洲	28 452	31 683	36 794	42 578
南美洲	2 719	3 525	4 460	6 002
亚洲	13 383	17 805	25 705	39 691
欧洲	21 868	24 810	28 043	40 968
大洋洲	1 228	1 538	1 902	2 189
前苏联	12 939	15 441	17 464	—
世界	82 473	97 117	117 738	135 143
装机容量(万 kW·h)				
非洲	4 453	5 855	7 299	9 411
北美洲	74 304	84 561	88 351	96 090
南美洲	6 847	9 108	11 666	13 460
亚洲	33 344	45 084	61 106	88 952
欧洲	53 498	61 575	68 495	98 983
大洋洲	3 295	4 197	4 500	4 871
前苏联	26 676	31 489	34 368	—
世界	202 417	241 869	275 785	311 767

附表 6　1997 年一些国家的用电构成

国　家	全国用电量/(亿 kW·h)	所占比例/%				
		工业	交通运输	农业	家庭生活	商业及其他
美国	32 593	36.1	0.1	—	32.9	30.9
中国	11 039	73.0	1.9	6.2	11.3	7.6
日本	9 239	46.1	2.3	0.4	26.4	24.8
俄罗斯	8 144	45.7	7.8	9.6	36.9	—
德国	4 829	47.1	3.5	1.6	27.1	20.7
加拿大	4 965	45.6	0.9	2.0	27.2	24.3
法国	3 816	40.4	2.8	0.7	31.2	24.8
英国	3 175	35.6	2.4	1.2	32.9	27.9
意大利	2 537	50.8	3.2	1.7	23.1	21.2
韩国	2 229	60.2	0.8	1.9	14.6	22.6

附表 7　世界电力装机容量预测　　　　　　（单位：GW）

年 份　地 区	1998	2000	2010	2020
北美	922	954	1 143	1 343
拉美	213	230	333	490
西欧	626	650	781	1 018
北欧	455	474	579	766
非洲	104	114	172	235
中东和南亚	220	237	335	505
东南亚和太平洋	112	124	205	325
东亚	597	643	910	1 242
世界	3 250	5 426	6 468	7 944

附表 8 1997 年全球一次能源生产量与储量比

地 域	石 油			天然气			煤 炭		
	产量 /百万 t	所占比例 /%	储采比例 /%	产量 /百万 t	所占比例 /%	储采比例 /%	产量 /百万 t	所占比例 /%	储采比例 /%
北美	66.8	19.2	16.0	661.8	33.1	11.5	628.1	27.1	233.0
南美 中美	330.9	9.5	37.3	78.9	3.9	72.7	30.6	1.3	231.0
欧洲	327.5	9.4	8.2	247.7	12.4	19.5	283.7	12.2	191.0
非洲	373.1	10.8	25.0	84.8	4.2	>100	119.8	5.2	>200
中东	1 045.3	30.1	87.7	150.1	7.5	>100	1.4	0.1	102.0
前苏联	362.9	10.5	24.7	561.1	28.1	86.2	187.6	8.1	—
亚太区	366.1	10.5	15.6	216.5	10.8	37.7	1 069.5	46	146.0
世界	3 474.7	100.0	40.9	2 000	100.0	64.1	2 320.7	100.0	219.0

参考文献

［1］水利电力科学技术情报所. 电力生产常识［M］. 2 版. 北京：中国水利电力出版社，1990.

［2］金种元. 水电站［M］. 北京：中国水利电力出版社，1994.

［3］《中国电力百科全书》编辑委员会. 中国电力百科全书. 综合卷［M］. 北京：中国电力出版社，1995.

［4］《中国电力百科全书》编辑委员会. 中国电力百科全书. 火力发电卷［M］. 北京：中国电力出版社，1995.

［5］沈根才. 电力发展战略与规划［M］. 北京：清华大学出版社，1993.